Kurt Widmaier

Ich-Bewusstsein und menschlicher Geist

Die Person und der Einfluss der Kultur

Bibliographische Information der Deutschen Nationalbibliothek: Die Deutsche Nationalbibliothek verzeichnet diese Publikation in der Deutschen Nationalbibliographie; detaillierte bibliographische Daten sind im Internet über http://dnb.dnb.de abrufbar.

Kurt Widmaier: Ich-Bewusstsein und menschlicher Geist - Die Person und der Einfluss der Kultur
5., redaktionell überarbeitete Auflage Mai 2018
© 2014 Kurt Widmaier
Alle Rechte vorbehalten
Satz und Umschlaggestaltung: Kurt Widmaier
Herstellung und Verlag: BoD – Books on Demand, Norderstedt

ISBN 978-3-7357-8297-7

Inhaltsverzeichnis

Vorwort

Als ich vor einigen Jahren damit begann, einige Erkenntnisse über den menschlichen Geist in schriftlicher Form zusammenzufassen, war mir der tiefere Grund für mein Interesse an der Thematik noch nicht bewusst. Erst bei einem Vortrag des amerikanischen Psychologen Chuck Spezzano mit dem Titel „Burnout" fiel mir das Ereignis wieder ein, das dieses Interesse hervorrief.

Chuck Spezzano vertritt unter anderem die Ansicht, dass sich alle Menschen in ihrer frühen Kindheit etwas vornehmen, das sie nicht für sich, sondern für andere Menschen oder das Leben insgesamt verwirklichen wollen. Um zu verdeutlichen, was er damit meinte, erzählte er die Geschichte eines kleinen Jungen, der von einem automatisch schließenden Garagentor eingeklemmt wurde, und nach diesem Unfall mehrere Stunden zwischen Leben und Tod schwebte. Einige Zeit nach seiner Genesung eröffnete der Junge seiner Mutter, dass er eigentlich lieber gestorben wäre, weil es an dem Ort, zu dem er gelangte, so schön war. Aber ein alter Mann sagte ihm, dass er noch eine Aufgabe zu erfüllen hätte, nämlich den Menschen von seiner Erfahrung – einer sogenannten *Nahtod-Erfahrung* – zu berichten.

Als ich diese bewegend erzählte Begebenheit anhörte, fiel mir wieder ein, was ich mir als Kind vorgenommen hatte. Der Anlass war eine alltägliche Situation, wie sie in ähnlicher Art und Weise wohl viele Kinder erleben. An einem schönen Sommertag, den ich meinen Bedürfnissen folgend verbrachte, erledigte ich eine mir gestellte Aufgabe nicht, weil sie mir im Vergleich zu anderen Tätigkeiten nicht besonders wichtig schien. Weil es nicht das erste gleichartige Versäumnis war, kam es wie es kommen musste: Zur Strafe wurde ich schon am späten Nachmittag ins Bett geschickt.

Nachdem die Wut über die meiner Ansicht nach ungerechte Behandlung verraucht war, dachte ich darüber nach, was ich falsch gemacht hatte. Dabei wurde mir klar, dass Erwachsene offenbar manche Forderungen, die von außen an sie herangetragen werden, über ihre inneren Bedürfnisse stellen. Um das bewerkstelligen zu können, müssten sie sich – so empfand ich – von ihrem innersten Kern entfernen, wodurch unausweichlich die direkte Verbindung zu ihren psychischen Kräften verloren ginge.

Die Auswirkungen auf unser seelisches Wohlbefinden schienen mir so bedeutsam, dass ich den Erwachsenen meine Einsicht unbedingt mitteilen musste. Weil mir aber geeignete Anknüpfungspunkte fehlten, um meine Einsicht zu vermitteln, und weil ich noch nicht genau verstand, weshalb Erwachsene in dieser Weise agieren, befürchtete ich, nicht ernst genommen zu werden. Deswegen nahm ich mir vor, mich nicht sofort zu äußern, sondern erst dann, wenn ich dazu in der Lage wäre wie ein Erwachsener zu denken und zu argumentieren.

Obwohl die Erinnerung an dieses Vorhaben nach und nach verblasste, machte es sich – wie ich jetzt weiß – indirekt in Form wechselnder Interessen bemerkbar, die mich zu verschiedenen Erkenntnissen und Aussagen mehrerer Wissenschaften, der Philosophie und der Religionen führten.

Erwachsene wissen, dass es im gesellschaftlichen Zusammenleben immer wieder Situationen gibt, in denen die Bedürfnisse, Interessen und Wünsche mehrerer Personen oder Institutionen in Einklang gebracht werden müssen. Wenn sie Konflikte vermeiden oder zum Wohlergehen anderer Menschen beitragen wollen, müssen sie hin und wieder Kompromisse machen und ihre Bedürfnisse oder Intentionen zurückstellen.

Kinder erwerben derartige Verhaltensweisen nach und nach aufgrund schmerzhafter Erfahrungen in Konfliktsituationen. Indem sie lernen, ihre Aufmerksamkeit auf äußere Erfordernisse und Ereignisse zu richten, gelingt es ihnen zunehmend, solche Situationen zu umgehen. In der Folge verändert sich unmerklich die Art des inneren Erlebens. Es entwickelt sich eine Geisteshaltung, die Geschehnisse in den tieferen Schichten des Geistes ausblendet.

Deswegen entgeht uns, wie subtile Anspannungen, verdrängte Emotionen und unbewusste Konflikte unser Wohlbefinden, unser Denken und unser Handeln beeinflussen. Wie mir eine innere Erfahrung vor einigen Jahrzehnten gezeigt hat, können die mit dieser Geisteshaltung verbundenen Blockaden aufgelöst werden, so dass wir wieder Einblicke in das innere Geschehen gewinnen. Wenn das gelingt, erleben wir einen nicht für möglich gehaltenen inneren Frieden.

Diese Aussagen lassen sich weder unmittelbar einsehen, noch auf einfache Weise wissenschaftlich erklären. Wie sie zustande kommen, kann allenfalls durch die gemeinsame Betrachtung vieler Erkenntnisse und Erfahrungsberichte, die den menschlichen Geist aus unterschiedlichen Blickwinkeln beleuchten, einigermaßen plausibel werden. Wer mehr darüber erfahren möchte, findet in der nachfolgenden Abhandlung einige Hinweise und Auszüge aus verschiedenen relevanten Veröffentlichungen.

Allerdings darf man nicht zu viel erwarten, denn Erkenntnisse oder Berichte über eine Erfahrung können die Erfahrung selbst nicht vermitteln. Außerdem entfernt uns das begriffliche Denken, das wir einsetzen müssen, um wissenschaftliche Aussagen nachvollziehen zu können, in gewisser Weise vom Geschehen in den tieferen Schichten unseres Geistes anstatt uns ihm näher zu bringen. Da wir jedoch über keine geeigneteren Methoden zur Wissensweitergabe verfügen ist es nötig, auf sprachliche Äußerungen zurückzugreifen, um auf die Existenz der inneren Wirklichkeit aufmerksam zu machen, und Hinweise zu geben, wie sie erfahren werden kann.

Viele Menschen haben durch ihre Geduld, ihre Unterstützung, ihr Vorbild oder ihre Veröffentlichungen direkt oder indirekt dazu beigetragen, dass ich mir dieses Wissen aneignen konnte. Allen diesen Menschen bin ich dankbar.

1 Einleitung

In der Abhandlung sind Erkenntnisse und Konzepte mehrerer Wissenschaften, Erfahrungsberichte sowie einige spirituelle Aussagen zusammengefasst, die den menschlichen Geist und das menschliche Bewusstsein aus unterschiedlichen Perspektiven betrachten. Das Augenmerk liegt dabei nicht auf der vollständigen oder detailgetreuen Wiedergabe der oft sehr umfangreichen Quellen, sondern auf deren Berührungspunkten, Gemeinsamkeiten und Verbindungen.

Weil die jeweiligen Wissenschaften bzw. Perspektiven auf unterschiedlichen Bezugssystemen mit ihren spezifischen Begrifflichkeiten basieren, fügen sich die Beiträge weder nahtlos aneinander, noch erschließen sich die Zusammenhänge immer unmittelbar. Berührungspunkte, Gemeinsamkeiten und Verbindungen ergeben sich deswegen häufig nicht aus passenden sprachlichen Formulierungen, sondern zeigen sich anhand gleichartiger Muster, Elemente oder Strukturen in den jeweils relevanten Aussagen.[1]

Bei gemeinsamer Betrachtung der Beiträge zeichnet sich meiner Ansicht nach indirekt ab, dass es in der menschlichen Psyche eine Wirklichkeit gibt, die sich der Introspektion normalerweise entzieht.

1.1 Grundgedanken und Thesen

Als *menschlicher Geist* wird nachfolgend die Gesamtheit aller Funktionen, Mechanismen und Prozesse bezeichnet, die das bewusste und unbewusste psychische Geschehen in einem Menschen hervorrufen oder begleiten. Ein Teil dieser Funktionen, Mechanismen und Prozesse erzeugt das bewusst wahrnehmbare seelische und gedankliche innere Geschehen. Sie bilden den Bewusstseinszustand[2] erwachsener Personen, der *Ich-Bewusstsein* genannt wird, weil seine Inhalte mit der Vorstellung verknüpft sind, dass sie von einer Person, einem *Ich*, erlebt werden.[3]

---

[1] Im Sinne eines *pattern matching*

[2] Der Begriff *Bewusstseinszustand* hat sich eingebürgert, obwohl es sich bei genauerer Betrachtung eher um einen andauernden Prozess handelt.

[3] Allgemeine Begriffe wie *Geist, Selbst, Ich* werden in der Literatur – und deswegen auch in nachfolgend zitierten Textstellen – unterschiedlich und teilweise abweichend von der hier benutzten Definition verwendet.

Die Abhandlung geht von der wissenschaftlich weitgehend akzeptierten These aus, dass die geistigen Funktionen und das Bewusstsein ebenso wie die physische Welt und das Leben im Laufe der Evolution entstanden sind. Wenn also das Ich-Bewusstsein eine Errungenschaft der Evolution ist, muss es eine innere Struktur aufweisen, die auf seiner biologischen und kulturellen Entwicklung beruht. Es müsste sich analog zu den Strukturen des Körpers, z.B. der Organe, im Mutterleib und in der Kindheit parallel zur körperlichen Entwicklung und unter dem Einfluss des sozialen Umfelds ausprägen.[4]

Diese Schlussfolgerung legt die These nahe, dass jeder Mensch mit einem Bewusstseinszustand auf die Welt kommt, im folgenden *Wesen* genannt, wie ihn in ähnlicher Form auch andere höhere Säugetiere besitzen. Erst im Laufe der frühkindlichen Entwicklung bildet sich das Ich-Bewusstsein, wobei sich nach und nach die Art des bewussten Erlebens verändert. An diese Veränderungen erinnern sich erwachsene Menschen normalerweise ebenso wenig wie an Ereignisse in ihrer frühen Kindheit. Diese Eigenheit des Bewusstseins wird als *frühkindliche Amnesie* bezeichnet.

Weil das Ich-Bewusstsein auf dem Wesen aufbaut, können Erwachsene diesen Zustand erneut erleben, allerdings nur, wenn sie dazu alle ihre geistigen Kräfte einsetzen.[5] Der Vorgang, der zu seiner Wahrnehmung führt, *Selbst-Wesensschau* oder *spirituelle Erfahrung*[6] genannt, ist überwältigend und wohltuend zugleich. Diese Erfahrung lässt sich mit Worten nur unvollkommen beschreiben, weil sich das Wesen grundlegend von unserem gewohnten Bewusstseinszustand unterscheidet.[7]

In der Selbst-Wesensschau weitet sich das Bewusstsein, ohne dass die im Laufe des Lebens erworbenen Kenntnisse und Fähigkeiten verloren gehen. Dabei offenbaren sich Zusammenhänge, die im Zustand des Ich-Bewusstseins verborgen sind. Insbeson-

---

[4] Die allgemeinen Mechanismen der Evolution, aus denen sich diese Aussagen ableiten, werden im Kapitel „Erkenntnisse der Verhaltensbiologie" erläutert.

[5] Eine rein willentliche Anstrengung reicht dazu nicht aus; siehe Hinweise im abschließenden Kapitel.

[6] Synonyme sind unter anderem *mystische Erfahrung* und *Erleuchtung*.

[7] Eine gewisse Vorstellung von dessen Andersartigkeit vermitteln z.B. die Überlegungen zweier Neurowissenschaftler, die diese Erfahrung gemacht haben: siehe Dr. med. Eben Alexander: Blick in die Ewigkeit, Anhang B, Seite 251-256 sowie J.C. Eccles in K.R. Popper, J.C. Eccles: Das Ich und sein Gehirn, Teil II, Kapitel E7, Abschnitt 49, Seite 430.

dere werden einige Aspekte des menschlichen Geistes wahrgenommen, die im Ich-Bewusstsein nicht isoliert, sondern in den Bewusstseinsstrom integriert erscheinen.

Die wissenschaftlich verwertbaren Einsichten sind zwar in Anbetracht der Komplexität der Funktionen und Leistungen des Gehirns verschwindend gering. Sie bieten jedoch Anhaltspunkte, die dazu beitragen können, die innere Struktur des Ich-Bewusstseins besser zu verstehen.[8]

1.2 Intuitive Erfahrung und objektive Erkenntnis

Weil in die Abhandlung auch Erkenntnisse einfließen, die sich aus der Introspektion bzw. der Interpretation spiritueller Quellen ergeben, stellt sich die Frage, inwieweit die Ergebnisse der Betrachtung in wissenschaftlicher Hinsicht ernst genommen werden können. Eine individuelle Erfahrung kann ja nicht als Kriterium herangezogen werden, um wissenschaftliche Aussagen zu bestätigen oder zu verwerfen. Als *objektiv* gelten Erkenntnisse nur dann, wenn sie jederzeit durch Wiederholung von Experimenten oder gedanklicher Tätigkeit verifizierbar sind.

Obwohl die intuitive Erfahrung einzelner Personen also nicht zur Bestätigung wissenschaftlicher Thesen dienen kann, so kann sie dennoch zu objektiven Erkenntnissen führen. Eine Hypothese ist als wissenschaftlich zu betrachten, wenn sie nicht im Widerspruch zu allgemein akzeptierten objektiven Erkenntnissen steht, selbst wenn bei der Formulierung der Aussagen das Instrumentarium fehlt, deren Korrektheit ausreichend zu belegen.[9] Der Fortschritt in Wissenschaft und Technik ermöglicht ja vielleicht die Bestätigung bzw. die Widerlegung zu einem späteren Zeitpunkt.

1.3 Aufbau der Abhandlung

Die Aussagen der Abhandlung könnten besser nachvollzogen werden, wenn es gelänge, ein einigermaßen verständliches Bild der Selbst-Wesensschau zu vermitteln. Leider ist das nur unzu-

---

[8] Dass die spirituelle Erfahrung etwas zum Verständnis des Bewusstseins beitragen kann, gerät zunehmend ins Blickfeld der Gehirnforschung; siehe beispielsweise Wolf Singer, Matthieu Ricard: Hirnforschung und Meditation – Ein Dialog.

[9] Einzelheiten siehe Abschnitt „Objektive Erkenntnis" im Kapitel „Erkenntnisse der Philosophie"

reichend möglich. Einen gewissen Eindruck bieten einzelne Aspekte dieser Erfahrung, über die mehrere Quellen übereinstimmend berichten. Einige dieser Aspekte sind im nächsten Kapitel zusammengestellt.

Es folgen mehrere Kapitel, in denen Erkenntnisse über das Ich-Bewusstsein – jeweils aus der Perspektive eines Zweigs der Wissenschaft – in knapper Form zusammengefasst werden. Die Reihenfolge dieser Kapitel orientiert sich an der zeitlichen Reihenfolge des Erscheinens der betreffenden Veröffentlichungen. In den ersten beiden Kapiteln wird das Ich-Bewusstsein unter phänomenologischen Gesichtspunkten betrachtet, zuerst überwiegend aus der Außensicht, der Vernunft und dem Erkenntnisvermögen, dann aus der Innensicht, der menschlichen Psyche. Daran schließen sich Überlegungen an, weshalb der menschliche Erkenntnisapparat im Laufe der Evolution entstanden ist, in welchen Schritten sich das menschliche Bewusstsein entwickelt haben könnte, und was Kinder lernen müssen, bis sie in vollem Umfang über intellektuelle Leistungen verfügen. Danach werden Strukturen und Operationsweisen des Ich-Bewusstseins unter dem Blickwinkel der Systemtheorie beleuchtet. Den Abschluss bildet die Beschreibung einiger Mechanismen des Gehirns, auf denen wichtige Funktionen und Leistungen des menschlichen Bewusstseins basieren.

Anschließend werden die wissenschaftlichen Erkenntnisse in Verbindung gebracht zu spirituellen Aussagen sowie Einzelheiten, die sich in der Selbst-Wesensschau offenbaren. Als Schlussfolgerungen ergeben sich einige Thesen zum Aufbau des Ich-Bewusstseins.

Nach einem kurzen Exkurs zur Diskussion über den *freien Willen* wird im abschließenden Kapitel auf einige der überaus positiven Wirkungen der spirituellen Erfahrung hingewiesen.

2 Berichte über spirituelle Erfahrungen

Leider geben Beschreibungen der spirituellen Erfahrung deren Inhalte nur unvollkommen wieder, weil Menschen ihr inneres Erleben, ihre Gefühle und Empfindungen nicht direkt vermitteln können. Die Situation ist vergleichbar mit dem Versuch, jemandem den Geschmack von Kaffee erklären zu wollen. Dies gelingt nur näherungsweise: Wenn man wissen will, wie Kaffee schmeckt, muss man ihn trinken. Weil sich aber die Selbst-Wesensschau – im Unterschied zu Kaffee – nicht einfach erzeugen lässt, bleibt Menschen, die diese Erfahrung gemacht haben, nur die Möglichkeit, ihre Erkenntnisse sprachlich zu formulieren.

Einige dieser Berichte zählen zu den ältesten Überlieferungen der Menschheit und bilden die Grundlage der großen Weltreligionen.[10] Das Wissen, dass es sich um eine Erfahrung handelt, die jeder Mensch machen kann, hat sich meist nicht in den Hauptströmungen der Religionen, sondern eher in weniger bekannten Nebenlinien erhalten. Der Grund ist wohl darin zu suchen, dass sich Menschen, die die Selbst-Wesensschau nicht erlebt haben, nur an den schriftlich gefassten Überlieferungen orientieren können. Weil jeder umfangreiche Text Spielräume für Interpretationen bietet, sind im Laufe der Zeit aus ein und derselben Lehre oftmals unterschiedliche Glaubensrichtungen entstanden.

Eine andere, auf den ersten Blick vielleicht überraschende Quelle stellen Berichte von Personen dar, die dem Tod nahe gewesen und wieder ins Leben zurückgekehrt sind, sogenannte *Nahtod-Erfahrungen*. Wie später erläutert wird, dürften Nahtod- und spirituelle Erfahrungen auf ein und demselben inneren Vorgang beruhen, der aber in unterschiedlichem Ausmaß erlebt werden kann.

2.1 Gemeinsamkeiten in den Berichten

Es fällt schwer, in den Quellen Übereinstimmungen zu entdecken, weil erstens jede Beschreibung der Selbst-Wesensschau nur einen von vielen möglichen Blickwinkeln auf die Erfahrung darstellt, weil zweitens die Quellen aus verschiedenen Kulturkreisen mit ihren spezifischen Begriffen und Symbolen stammen, und weil drittens in den Berichten häufig Vergleiche zu Gegenständen

---

[10] Im Anhang sind einige Quellen aufgelistet.

verwendet werden, die dem jeweiligen Lebensumfeld bzw. Erfahrungshintergrund entnommen sind.

Wenn nachfolgend von Gemeinsamkeiten die Rede ist, bedeutet das nicht, dass die aufgeführten Elemente in allen Beschreibungen vorkommen, denn die Berichte gehen jeweils nur auf eine Auswahl von Aspekten des inneren Erlebens ein.

- Die mit der spirituellen Erfahrung verbundenen Gefühle sind überwältigend. Es wird von „tiefem inneren Frieden", „grenzenloser Gnade" etc. gesprochen.
- Der Durchbruch zum Wesen tritt unvermutet ein. Wenn der Geist dazu reif ist, können ein überraschender Laut, ein Lichtreflex, ein starker seelischer Schmerz, ein überraschender Ausspruch etc. die Selbst-Wesensschau auslösen.
- Es wird davon berichtet, dass die Trennung zwischen Außen- und Innenwelt verschwindet, was auch als „Einssein" mit allem Seienden beschrieben wird.
- In verschiedenen Berichten werden Lichterscheinungen erwähnt, die mit der Erfahrung verbunden sind, wie z.B. der „brennende Dornbusch" (Berufung Mose) oder das „Kreisen des Lichts" (Daoismus).

Weitere, einigermaßen gesicherte Aussagen aus den Berichten abzuleiten, erfordert tieferreichende Interpretationen.[11]

2.2 Nahtod-Erfahrungen

Der Psychiater Raymond A. Moody befragte ca. 150 Personen, die dem Tode nahe waren und dabei eine nicht alltägliche Erfahrung machten. Diese Personen hatten Mühe, ihr Erlebnis adäquat zu beschreiben: „Die Erfahrungen derjenigen, die dem Tode nahe gekommen sind, fallen aus unserer gemeinschaftlichen Erfahrungswelt heraus, sodass die Vermutung nahe liegt, dass die Betreffenden bei der Wiedergabe ihrer Erlebnisse wohl auf einige Schwierigkeiten sprachlicher Natur stoßen werden. Genauso ist es auch. Die Beteiligten bezeichnen ihr Erlebnis einhellig als unsagbar, also als «unbeschreiblich»."[12]

Trotz dieser grundsätzlichen Schwierigkeit enthalten die Erzählungen erstaunlicherweise übereinstimmende Einzelheiten: „[…];

---

[11] Hinweise auf Erfahrungsberichte finden sich im abschließenden Kapitel.

[12] Raymond A. Moody: Leben nach dem Tod – Die Erforschung einer unerklärlichen Erfahrung, Kapitel 2, Seite 42

dennoch ist nicht zu übersehen, dass die verschiedenen, diese Erfahrung schildernden Berichte sich untereinander auffallend ähneln. Die Übereinstimmung zwischen den vorliegenden Berichten geht in der Tat sogar so weit, dass mühelos etwa fünfzehn Einzelelemente herausgeschält werden können, die […] beständig wiederkehren."[13]

Zu einem vergleichbaren Ergebnis kommt der Krebsarzt Jeffrey Long, der eine umfangreiche Studie über Nahtod-Erfahrungen (NTE) durchführte, die er mit Unterstützung von Paul Perry veröffentlichte. Im Rahmen dieser Studie füllten einige hundert Menschen aus unterschiedlichen Kulturen und Religionen über das Internet einen umfangreichen Fragebogen aus. 613 dieser Berichte wurden in einem Bewertungsverfahren als echt eingestuft. „Keine zwei Nahtoderfahrungen sind gleich. Untersucht man jedoch viele Nahtoderfahrungen, so zeigt sich ein Muster bestimmter Elemente, die gemeinhin bei einer NTE auftreten. Diese Elemente treten üblicherweise in übereinstimmender Reihenfolge auf."[14]

In der Untersuchung haben sich zwölf Elemente herauskristallisiert, die besonders häufig genannt werden. Sie sind nachfolgend – absteigend nach der Häufigkeit der Nennungen – aufgelistet, wobei zur Verdeutlichung einiger Aussagen zusätzlich die Formulierung der jeweils gewählten Antwort angegeben ist:

- Intensive und überwiegend positive Gefühle und Empfindungen („Unvorstellbarer Frieden oder Heiterkeit": 76,2%)
- Lösung des Bewusstseins vom Körper (75,4%)
- Schärfere Sinne („Höheres Bewusstsein und Aufmerksamkeit als normal": 74,4%)
- Erfahrung eines mystischen oder strahlenden Lichts (64,6%)
- Das Gefühl, Zeit oder Raum haben sich verändert (60,5%)
- Rückkehr in den Körper („Waren Sie an der Entscheidung zur Rückkehr in Ihren Körper beteiligt, oder haben Sie bemerkt, dass eine solche Entscheidung getroffen wurde?" Mit „Ja" antworteten 58,5%).
- Begegnung mit mystischen Wesen oder verstorbenen Verwandten oder Freunden (57,3%)

---

[13] Raymond A. Moody: Leben nach dem Tod – Die Erforschung einer unerklärlichen Erfahrung, Kapitel 2, Seite 38
[14] Dr. Jeffrey Long mit Paul Perry: Beweise für ein Leben nach dem Tod, Einführung, Seite 16

- Erfahrung besonderen Wissens („Hatten Sie das Gefühl, als hätten Sie besonderes Wissen, so z.B. über die universale Ordnung und/oder deren Zweck?" Mit „Ja" antworteten 56,0%)
- Eintritt in unirdische Welten („Kam es Ihnen so vor, als beträten Sie eine andere, nicht-materielle Welt?" Mit „Ja" antworteten: 52,2%)
- Hineingehen in oder Hindurchgehen durch einen Tunnel (33,8%)
- Auftreffen auf eine Grenze oder Barriere (31,0%)
- Lebensrückschau (22,2%).[15]

Die große Übereinstimmung in der Nennung dieser Merkmale ist überraschend, wenn man bedenkt, dass die Erlebnisberichte von Menschen verschiedener Kulturkreise stammen, und dass sich eine nonverbale Erfahrung nur mit einer gewissen Unschärfe in sprachlichen Formulierungen ausdrücken lässt.

Deswegen liegt die Vermutung nahe, dass es sich bei der Nahtod-Erfahrung um ein Ereignis handelt, das von allen Menschen im Kern gleichartig erlebt wird, wenn auch in unterschiedlicher Tiefe. „Im Allgemeinen sieht es so aus, als ob diejenigen, die «tot» gewesen sind, reichhaltigere und vollständigere Erlebnisse mitzuteilen hätten als die, die den Tod nur gestreift haben, und diejenigen unter ihnen, die längere Zeit «tot» gewesen sind, gelangen tiefer als die Menschen, bei denen es nur kurze Zeit gedauert hat."[16] Dasselbe gilt auch für die spirituelle Erfahrung, denn in einigen Quellen wird darauf hingewiesen, dass die Selbst-Wesensschau in unterschiedlicher Tiefe erlebt werden kann.[17]

2.3 Die Schöpfungsgeschichte der Bibel

Die im Alten Testament enthaltenen Geschichten sind wahrscheinlich über Jahrhunderte oder gar Jahrtausende mündlich überliefert und erst zu späteren Zeitpunkten in Schriftform gefasst worden. Man kann davon ausgehen, dass die Bibel im Wesentlichen das zum damaligen Zeitpunkt allgemein akzeptierte

---

[15] Dr. Jeffrey Long mit Paul Perry: Beweise für ein Leben nach dem Tod, Einführung, Seite 17-33

[16] Raymond A. Moody: Leben nach dem Tod – Die Erforschung einer unerklärlichen Erfahrung, Kapitel 2, Seite 41

[17] Siehe beispielsweise die Briefe von Yaeko Iwasaki in Philip Kapleau: Die drei Pfeiler des Zen, Zweiter Teil, VI. Kapitel, Seite 377.

Wissen, nicht nur des Stammes Israel[18], enthält. Die Verfasser des Alten Testaments schrieben alles auf, was in ihrer Vorstellungswelt für die nachfolgenden Generationen erhaltenswert schien. Es gab keine Trennung der Wissenschaften in Literatur, Geschichte, Naturwissenschaft etc., wie wir sie heute kennen.

Am Anfang eines solchen Universalwerkes, wie es die Bibel darstellt, würde man eine Zusammenfassung des damaligen Verständnisses zur Entstehung der Welt erwarten. Ein derartiges Weltbild vermittelt die Schöpfungsgeschichte.

Mehrere Anzeichen deuten darauf hin, dass sich die Schöpfungsgeschichte aus zwei ursprünglich getrennten Geschichten zusammensetzt. Dies wird bspw. deutlich an den unterschiedlichen Begriffen, die für *Gott* verwendet werden: die Bezeichnung für *Gott* wird von Martin Luther im zweiten Teil mit „Gott, der Herr" anstelle „Gott" übersetzt, um diesen Unterschied hervorzuheben. Außerdem wird die Erschaffung des Menschen zweimal beschrieben: am sechsten Tag[19] und bei der Erschaffung des Gartens Eden[20].

Wie ist es dazu gekommen? Mir scheint schlüssig, dass beide Texte zu unterschiedlichen Zeiten oder an unterschiedlichen Orten entstanden, und dass diejenigen Personen, die die Bibeltexte zu einem Buch zusammenfügten, beide Sichtweisen als zutreffend und als sich ergänzend betrachteten, also weder auf die eine noch auf die andere Geschichte verzichten wollten.[21]

Der erste Teil liefert meiner Meinung nach eine Erklärung für die Entstehung des Universums, während der zweite Teil mit symbolischen Mitteln das innere Erleben eines die Welt erkennenden Subjekts beschreibt.

2.3.1 Das Universum

Der erste Teil der Schöpfungsgeschichte befasst sich mit der äußeren Welt, dem Universum und den Objekten, die es enthält. Das Universum war der Geschichte zufolge nicht immer da, sondern es ist erschaffen worden, und zwar schrittweise im Verlauf der Zeit. Der Begriff *Tag* wird in der Schöpfungsgeschichte mei-

---

[18] So taucht beispielsweise die Geschichte von der Sintflut in ähnlicher Fassung im babylonischen Gilgamesch-Epos auf.
[19] Altes Testament der Bibel, 1. Buch Mose Kapitel 1., Vers 27.
[20] Altes Testament der Bibel, 1. Buch Mose Kapitel 2., Vers 7.
[21] Siehe bspw. Richard Elliot Friedman: Wer schrieb die Bibel?

ner Ansicht nach im Sinne von *Zeitabschnitt* verwendet, denn von einem *Tag* kann eigentlich erst gesprochen werden, wenn es die Sonne gibt, also ab dem vierten *Tag*.

Diese Grundvorstellungen sowie die Reihenfolge, in der die Objekte der Welt nach dem ersten Teil der Schöpfungsgeschichte entstanden sind, finden sich auch im heutigen, viel differenzierteren naturwissenschaftlichen Weltbild – mit einer Abweichung: Die Pflanzen wurden nach der Schöpfungsgeschichte am dritten *Tag* vor Sonne und Mond geschaffen. Diese Vertauschung könnte damit zusammenhängen, dass damals einige wissenschaftliche Erkenntnisse noch nicht bekannt waren, insbesondere dass die Sonne ein Fixstern wie Milliarden anderer Sterne ist, und dass Pflanzen das Sonnenlicht zur Fotosynthese nutzen und daher zum Wachstum brauchen.

Von dieser Ausnahme abgesehen werden die grundsätzlichen Aussagen des objektiven Weltverständnisses der Schöpfungsgeschichte auch heute noch als zutreffend betrachtet. Durch den Fortschritt der naturwissenschaftlichen Erkenntnis sind die Vorstellungen über den Ablauf der Evolution zwar immens verfeinert, aber nicht grundsätzlich in Frage gestellt worden. Dieser Erkenntnisprozess ist allerdings nicht abgeschlossen, denn auch heute noch gibt es ungeklärte Fragen, z.B. wodurch das Universum entstanden ist und welche Prozesse und Mechanismen zur Entwicklung des Lebens geführt haben.

Der *Gott* des ersten Teils ist unter diesem Blickwinkel eine *schöpferische Kraft*, die das Universum und seine Gesetzmäßigkeiten geschaffen hat, aber selbst nicht erschaffen worden ist. Es handelt sich um eine Entität, die sich mit dem menschlichen Vorstellungsvermögen nicht erfassen lässt. Schon die unumgängliche Verwendung von Begriffen – wie z.B. des Begriffs *schöpferische Kraft* – führt zu einem Dilemma, denn sie lösen Vorstellungen in uns aus, die naturgemäß innerhalb des menschlichen Vorstellungsvermögens liegen.

2.3.2 Das Erkenntnisvermögen des Menschen

Der zweite Teil der Schöpfungsgeschichte besteht wiederum aus zwei Teilen. Der erste Abschnitt vermittelt eine weitere Vorstellung davon, wie die Welt mit dem Menschen als Mittelpunkt erschaffen worden sein könnte.[22] Der zweite, viel umfangreichere Teil der Geschichte beschreibt das Paradies, den Garten Eden, und das Geschehen, das sich dort abspielt.

Vor mehreren tausend Jahren stellten sich die Menschen das Paradies sicherlich als fruchtbares Ackerland mit ergiebigem Jagdrevier vor, in dem es keinen Nahrungsmangel gab. Werden die Aussagen der Bibel in diesem Sinne aufgefasst, können Regionen ausgemacht werden, auf die die spärlichen Hinweise zutreffen. Zusätzliche geographische Anhaltspunkte finden sich in Schriften anderer Kulturen Vorderasiens, die dieselbe Geschichte in abgewandelter Form enthalten. Die Beschreibungen liefern jedoch keine eindeutigen Ergebnisse, denn verschiedene Wissenschaftler kommen zu unterschiedlichen Schlussfolgerungen.

Selbst wenn man sich auf einen Ort einigen könnte, dürfte es schwerfallen, verschiedene Einzelheiten der Geschichte hinreichend zu erklären. Dagegen deutet der Begriff *Baum der Erkenntnis* meiner Meinung nach an, was es mit dem zweiten Teil der Schöpfungsgeschichte[23] auf sich hat: Es geht um die Fähigkeit des Menschen zur objektiven Erkenntnis.

Weil den meisten Menschen die Mechanismen, die objektive Erkenntnisse ermöglichen, normalerweise nicht zugänglich sind, existieren dafür auch keine allgemein nachvollziehbaren Begriffe. Deswegen werden zur Erklärung symbolhaft bekannte Objekte der Außenwelt wie *Garten* oder *Baum* benutzt. Darüber hinaus wird auf einige Konsequenzen hingewiesen, die unauflöslich mit dem Erkenntnisapparat verknüpft sind.[24]

Was mit den Symbolen der Geschichte gemeint ist, erschließt sich intuitiv in der spirituellen Erfahrung. Dabei drängt sich auf, dass die Selbst-Wesensschau von allen Menschen gleichartig erfahren werden muss. Der *Gott* des zweiten Teils der Schöpfungsgeschichte kann daher verstanden werden als der *persönliche Gott*, als die ich-lose Person, die sich dem Menschen in demjenigen Bewusstseinszustand offenbart, der in dieser Abhandlung mit Wesen bezeichnet wird.

---

[22] Siehe auch Richard Elliot Friedman: Wer schrieb die Bibel? Kapitel 13, Seite 300,301

[23] 1.Buch Mose Kapitel 2., Vers 4. bis zum Ende des Kapitels 3.

[24] Diese Interpretation wird bspw. durch Aussagen des Zen-Meisters Yamada Kuon gestützt; siehe Yamada Kuon Roshi: Teishos zum Hekiganroku: Band 2, 53. Fall, Seite 35.

2.3.3 Die beiden Geschichten ergänzen sich

Was wir inzwischen über die Welt, die darin enthaltenen Objekte und die Veränderungen im zeitlichen Verlauf wissen, lässt uns erstaunen. Staunen darüber, in welch engen Bereichen die unzähligen Parameter eingestellt sind, die bei der Entfaltung des Universums eine Rolle spielen, so dass Raum und Zeit, Materie, Atome, ein Planet wie die Erde, Biomoleküle, lebensfähige Organismen, Pflanzen, Tiere und schließlich eine Spezies, die all das bis zu einem gewissen Grad erkennt, entstehen konnten.

Außer dem Menschen ist uns kein Lebewesen bekannt, das sich für derartige Dinge interessiert. Was ermöglicht uns, objektive Erkenntnisse erwerben zu können? Und welche Konsequenzen ergeben sich aus dieser Fähigkeit? Antworten auf diese Fragestellungen, um die es auch in der vorliegenden Abhandlung geht, gibt meiner Ansicht nach die Geschichte vom Garten Eden.

Den Menschen gäbe es nicht, wenn das Universum nicht existierte. Umgekehrt würde sich niemand für die Geschichte des Universums interessieren, wenn es keine Individuen mit dem Vermögen zur objektiven Erkenntnis gäbe. Nur gemeinsam liefern die beiden Teile der Schöpfungsgeschichte einen Rahmen zur Erklärung des Geschehens, so wie wir es in uns und um uns herum erleben.

3 Erkenntnisse der Philosophie

Vor etwa zwei- bis dreihundert Jahren wurden einige philosophische Schriften mit recht spekulativen metaphysischen Inhalten veröffentlicht. Weil unterschiedliche Autoren zu teilweise widersprüchlichen Aussagen gelangten, stellte sich die Frage, wie denn beurteilt werden kann, welche Arten von Schlussfolgerungen als gesichert gelten können und welche nicht. Allmählich setzte sich die Erkenntnis durch, dass zur Beantwortung dieser Frage zuerst einmal geklärt werden muss, in welchen Bereichen die menschliche Vernunft verlässliche Ergebnisse erzielt.

In der Folge haben sich viele Philosophen mit dieser Fragestellung auseinandergesetzt. Einen besonders starken Einfluss nicht nur auf die Philosophie, sondern auch auf die Geistes- und Naturwissenschaften, übten die Schriften Immanuel Kants aus. Mit seiner Gedanken- und Begriffswelt setzten sich Generationen von Wissenschaftlern auseinander, auch viele – wenn nicht alle – der in dieser Abhandlung zitierten Philosophen und Wissenschaftler.

Inzwischen haben sich mehrere Wissenschaften herausgebildet, die sich mit dem menschlichen Geist, dem Gehirn oder dem Bewusstsein befassen, doch auch die Philosophie beschäftigt sich bis zum heutigen Tag mit derartigen Fragestellungen.[25]

3.1 Vernunft und Erkenntnisvermögen

Immanuel Kant ging es um eine kritische Beurteilung der Vernunft, weshalb er seine Schriften zu dieser Thematik auch als „Kritiken"[26] bezeichnete. Er hatte nicht den aussichtslos scheinenden Anspruch, die Vernunft und das Erkenntnisvermögen vollständig zu beschreiben, sondern er wollte Klarheit darüber schaffen, für welche Arten von philosophischen Aussagen und Schlussfolgerungen das menschliche Erkenntnisvermögen geeignet ist und für welche nicht.

---

[25] Einer der philosophischen Ansätze der Gegenwart wird später in Verbindung mit Überlegungen zur Systemtheorie vorgestellt, weil es des besseren Verständnisses wegen sinnvoll ist, zuerst noch einige andere Erkenntnisse zu erläutern.

[26] Immanuel Kant: Kritik der reinen Vernunft, Kritik der praktischen Vernunft, Kritik der Urteilskraft

Um die Frage analytisch angehen zu können, unterteilte er die Geistesfunktionen zunächst in die *reine Vernunft*, die *praktische Vernunft* und die *Urteilskraft*. Diese Geistesfunktionen arbeiten natürlich nicht isoliert voneinander, sondern wirken bei vielen Vorgängen zusammen, ohne dass uns bewusst ist, welche wir jeweils nutzen.

Wenn beispielsweise die Türklingel läutet, ist die unmittelbare Sinneserfahrung nur „Rrringgg", nichts sonst. Mit der reinen Vernunft schließen wir, dass der Klingelknopf an der Wohnungstür durch eine Person betätigt worden ist. Die praktische Vernunft vermittelt uns, dass die Person, die den Klingelknopf gedrückt hat, etwas von uns will, und dass wir deswegen die Wohnungstüre öffnen sollten. Mit der Urteilskraft entscheiden wir, tatsächlich zur Tür zu gehen und zwar sofort. Die reine Vernunft wiederum führt uns auf dem kürzesten Weg dorthin.

Für die Zwecke der vorliegenden Abhandlung ist es nicht notwendig, seine umfangreichen Gedankengänge nachzuvollziehen. Es reicht aus, einige seiner wichtigsten Ergebnisse und Schlussfolgerungen kennenzulernen.[27]

3.1.1 Die reine Vernunft

Die „Kritik der reinen Vernunft" beginnt mit der Feststellung, dass Erkenntnis zwar mit der Erfahrung anfängt, aber nicht ausschließlich aus der Erfahrung entspringen muss. In seiner Analyse kommt I. Kant zum Schluss, dass wir die Sinneserfahrung unwillkürlich in Zusammenhänge wie Raum, Zeit, Begrifflichkeit einordnen, die nicht in den reinen Sinnesdaten enthalten sind. Mit seinen Begriffen formuliert: Erkenntnis entsteht durch die Sinneseindrücke der Erfahrung, die wir über die Sinne im Nachhinein (*a posteriori*) erhalten, in Verbindung mit den *Formen des reinen Erkenntnisvermögens*, die vor jeder Sinneserfahrung (*a priori*) vorhanden sind.

Die Untersuchung dieses „Inventariums der reinen Vernunft" nimmt den größten Teil der „Kritik" ein. Die *Formen des reinen Erkenntnisvermögens* bestehen aus:

- den *Formen der Sinneserkenntnis*, den Anschauungsformen und Auffassungsweisen

---

[27] Einige der Kant'schen Begriffe werden in etwas verkürzter Form verwendet. Die Zusammenfassung orientiert sich an Hans Joachim Störig: Kleine Weltgeschichte der Philosophie, Band 2, Zweites Kapitel.

- des Raums als Form des äußeren Sinnes und
- der Zeit als Form des inneren Sinnes
- und den *Formen des Verstandes* im weiteren Sinne, auch *Verknüpfungsweisen* genannt, so wie sie in der Logik verwendet werden. Der Verstand bildet Begriffe und verknüpft sie mittels folgender Funktionen zu Urteilen:
  - durch den *Verstand im engeren Sinne*, der Grundformen von Begriffen, sogenannte *reine Verstandesbegriffe* oder *Kategorien* bildet. Diese leiten sich aus den entsprechenden *Urteilsformen* (jeweils drei der Quantität, Qualität, Relation, Modalität) ab, denn Begriffsbildung beruht auf Urteilen.
  - durch die *bestimmende Urteilskraft*, die die Kategorien auf die Inhalte der Anschauung anwendet (*Subsumption*).
  - durch die *theoretische Vernunft*, die Ideen entsprechend den drei Urteilsformen der Relation (psychologische Idee: *Seele*, kosmologische Idee: *Welt*, theologische Idee: *Gott*) bildet und Urteile zu Schlüssen zusammenfügt.[28]

Nach den Überlegungen I. Kants eignet sich die reine Vernunft nicht für Fragestellungen außerhalb des möglichen Erfahrungswissens. Das menschliche Erkenntnisvermögen liefert nur in der Welt der Erscheinungen zuverlässige Ergebnisse. „Wir können uns keinen Gegenstand d e n k e n, ohne durch Kategorien; wir können keinen gedachten Gegenstand e r k e n n e n, ohne durch Anschauungen, die jenen Begriffen entsprechen. Nun sind alle unsere Anschauungen sinnlich, und diese Erkenntnis, so fern der Gegenstand derselben gegeben ist, ist empirisch. Empirische Erkenntnis aber ist Erfahrung. Folglich i s t u n s k e i n e E r k e n n t - n i s a p r i o r i m ö g l i c h, a l s l e d i g l i c h v o n G e g e n s t ä n d e n m ö g l i c h e r E r f a h r u n g.“[29] Aus Annahmen, die nicht durch Erfahrungen gestützt werden, lassen sich durch Anwendung von Regeln der Logik keine neuen Erkenntnisse gewinnen.[30]

Die drei von I. Kant so genannten *Ideen*: *Seele* als Einheit des subjektiven Erlebens, *Welt* als Gesamtheit aller Dinge, *Gott* als Quelle der gesamten Wirklichkeit, weisen über das menschliche

---

[28] Die Komponenten des Erkenntnisvermögens, auf die Immanuel Kant detailliert eingeht, sind in der Anlage zusammengestellt.

[29] Immanuel Kant: Kritik der reinen Vernunft, I. Transzendentale Elementarlehre, Zweiter Teil, Erstes Buch, 2. Hauptstück, 2. Abschnitt § 27, Seite 157

[30] Zu ähnlichen Schlussfolgerungen gelangen auch Logiker wie bspw. Ludwig Wittgenstein: Tractatus logico-philosophicus.

Erkenntnisvermögen hinaus. Es lässt sich weder beweisen noch widerlegen, dass sie als Entitäten unabhängig von unseren Vorstellungen existieren. Er betrachtet sie als Leitprinzipien der Vernunft, als Grundvorstellungen, nach denen wir das Geschehen in uns und um uns herum ordnen, und nach denen wir unsere Erkenntnisse ausrichten.

3.1.2 Die praktische Vernunft und die Urteilskraft

Die „Kritik der praktischen Vernunft" befasst sich mit der *Willensbestimmung* auf der Basis praktischer Grundsätze, also subjektiv gültigen Vorsätzen (*Maximen*) und bedingten bzw. unbedingten allgemeingültigen praktischen Gesetzen (*hypothetische* bzw. *kategorische Imperative*). Diese Gesetze werden Imperative genannt, weil sie zwar zum Handeln auffordern, aber nicht zum Handeln zwingen. Letztlich ergibt sich aus den Überlegungen I. Kants ein *kategorischer Imperativ* als die Form eines allgemeinen Gesetzes: „Handle so, dass die Maxime deines Willens jederzeit zugleich als Prinzip einer allgemeinen Gesetzgebung gelten könne"[31].

In der „Kritik der Urteilskraft" wird die Möglichkeit der Beurteilung des Naturgeschehens unter dem Gesichtspunkt von Bedürfnissen oder Zwecken diskutiert. Die Untersuchung ergibt, dass *Urteile* durch das sinnliche Gefühl der Lust oder Unlust bzw. durch die *reflektierende Urteilskraft* nach dem Prinzip der Zweckmäßigkeit entstehen können.

3.1.3 Zusammenfassung

Die in den drei „Kritiken" dokumentierten Überlegungen Immanuel Kants ergeben, dass unmittelbare Wahrnehmungen – Sinnesreize, Intentionen, Gefühle wie Lust oder Unlust – erst in Verbindung mit allgemeinen Gesetzmäßigkeiten zu Erfahrungen, Handlungen oder Entschlüssen führen. Diese allgemeinen Gesetzmäßigkeiten sind nicht in den Erscheinungen der Welt enthalten, sondern Eigenschaften des menschlichen Geistes. Zwar wird alles was wir erleben durch Sinnesereignisse hervorgerufen, aber erst von unserem Erkenntnisvermögen zu den Inhalten unseres Erlebens geformt. Wir nehmen die Wirklichkeit also nicht direkt, sondern ein Abbild der Wirklichkeit wahr, so wie es uns unser Erkenntnisapparat vermittelt.

---

[31] I. Kant: Kritik der praktischen Vernunft, 1. Teil, 1. Buch, 1. Hauptstück §7.

3.1.4 Entwicklungen nach Immanuel Kant

Rückblickend betrachtet bieten verschiedene Ansätze und Überlegungen I. Kants Anlass zur Kritik. Dabei handelt es sich einerseits um Ergebnisse der öffentlichen Diskussion seiner Gedankengänge, während andererseits neu entwickelte Theorien wie beispielsweise die Evolutionstheorie oder die moderne Physik die Vorstellungen über die menschliche Vernunft veränderten bzw. erweiterten.[32] Auf drei dieser Punkte wird nachfolgend kurz eingegangen, weil sie in anderem Zusammenhang nochmals aufgegriffen werden.

Ein Kritikpunkt betrifft den idealtypischen Menschen, das fertige *Erkenntnis-Subjekt*, von dem die „Kritiken" ausgehen, während sich doch offensichtlich die intellektuellen Fähigkeiten der Menschen unterscheiden. „Kants Gedanke einer uns allen gemeinsamen reinen Normal-Anschauung [...] ist schwerlich anzunehmen. Denn wenn wir uns im diskursiven Denken geübt haben, ändert sich unser Anschauungsvermögen grundlegend. Das alles gilt auch für unsere Anschauung der Zeit."[33]

Für I. Kant waren die Formen des reinen Erkenntnisvermögens, die die Voraussetzung dafür sind, überhaupt Erfahrungen machen zu können, „a priori" gegeben. Erst mit dem Aufkommen der Evolutionstheorie und der Genetik lässt sich die Frage formulieren, wie denn diese Formen des reinen Erkenntnisvermögens entstanden sind: Sind sie angeboren, also genetisch[34] bedingt (für die Spezies Mensch insgesamt) oder werden sie auf der Basis von genetisch festgelegten Erkenntnisfunktionen erlernt (von jedem Individuum)? Das obige Zitat von Karl Raimund Popper deutet darauf hin, dass das menschliche Erkenntnisvermögen nicht ausschließlich angeboren ist, sondern dass zumindest Teile in einem Lernprozess erworben werden.

Anfangs des 20. Jahrhunderts wurden physikalische Theorien wie die Quantentheorie oder die Relativitätstheorie entwickelt, deren Aussagen das menschliche Anschauungsvermögen übersteigen. Versucht man, die Ergebnisse dieser mathematisch formulierten Theorien zu veranschaulichen, muss die eine oder an-

---

[32] Immanuel Kant lebte von 1724 - 1804

[33] Karl R. Popper: Objektive Erkenntnis – Erkenntnistheorie ohne erkennendes Subjekt, Seite 153

[34] Einschließlich der Mechanismen der Epigenetik, die es ermöglichen, dass Gene durch Umwelteinflüsse ein- oder ausgeschaltet werden.

dere natürliche Vorstellung aufgegeben werden. Beispielsweise können Elementarteilchen gemäß der Quantentheorie sowohl als Teilchen als auch als Welle aufgefasst werden, während die Relativitätstheorie Aussagen über ein Raum-Zeit-Kontinuum macht, die nicht mit der intuitiven Anschauung von Raum und Zeit vereinbar sind.

Dennoch beruhen auch diese Theorien auf Erfahrungswissen: Sie können durch Experimente bestätigt bzw. widerlegt werden, wenn auch mit hohem technischen Aufwand. In diesen Bereichen wird die natürliche Anschauung z.B. durch mathematische Verfahren ergänzt bzw. teilweise ersetzt. Die sich daraus ergebenden Schlussfolgerungen können allerdings nicht mehr alle Menschen, sondern nur noch die darauf spezialisierten Personen verifizieren.

3.2 Objektive Erkenntnis

Komplexe wissenschaftliche Aussagen sind also der intuitiven Einsicht nicht unmittelbar zugänglich. Ein einzelner Mensch vermag sich vielleicht die Ergebnisse einzelner Sachgebiete anzueignen. Wegen des Umfangs an verfügbarem Wissen ist jedoch niemand mehr in der Lage, alle wissenschaftlichen Theorien und Schlussfolgerungen im Detail nachzuvollziehen: Man muss darauf vertrauen, dass mehrere Experten einer Fachrichtung zu übereinstimmenden Ergebnissen gelangen.

K.R. Popper bezeichnet Theorien – auch die bereits widerlegten – sowie ihre logischen Beziehungen, Behauptungen, Argumente und Probleme als *objektive Erkenntnisse*. Was kennzeichnet derartige Erkenntnisse und in welcher Beziehung stehen sie zu subjektiven Einsichten? Um die Zusammenhänge zu verdeutlichen, teilt K.R. Popper die durch den Menschen wahrnehmbaren Objekte und Erscheinungen zunächst in drei *Welten* ein:

- *Welt 1*: Die Welt der physikalischen Gegenstände und Zustände
- *Welt 2*: Die Welt der Bewusstseinszustände und der geistigen Zustände
- *Welt 3*: Die Welt der „natürliche Erzeugnisse" der menschlichen Kultur, einschließlich der möglichen Gegenstände des Denkens.[35]

---

[35] Karl R. Popper: Objektive Erkenntnis – Erkenntnistheorie ohne erkennendes Subjekt, Seite 123

Dieser Systematik zufolge gehört der Mensch als Lebewesen zur Welt 1, während innere Erlebnisse eines Menschen Objekte der Welt 2, und objektive Erkenntnisse Objekte der Welt 3 sind.

Die Überlegungen K.R. Poppers richten sich vor allem auf die Verbindungen zwischen den drei Welten. „Die zweite Welt, die Welt der subjektiven und persönlichen Erfahrungen, steht [...] mit jeder der beiden anderen Welten in Wechselwirkung. Die erste und die dritte Welt können nicht aufeinander wirken außer durch das Dazwischentreten der zweiten Welt [...]."[36]

Das bedeutet unter anderem, dass objektive Erkenntnisse keine Aktionen initiieren können. Wirkungen erzielen sie nur dann, wenn sie durch Menschen interpretiert werden, die sich aufgrund ihrer Aussagen zu Aktionen veranlasst sehen. Erkenntnis im objektiven Sinne lässt sich daher charakterisieren als „Erkenntnis ohne erkennendes Subjekt"[37].

Dennoch hat die Welt 3 großen Einfluss auf die Welt 2, in der wir denken und Handlungen initiieren, weil unser individuelles Wissen dadurch zunimmt, dass wir uns objektives Wissen aneignen. „[...] [*Die*] *Tätigkeit des Verstehens besteht im Wesentlichen im Umgehen mit Gegenständen der dritten Welt.*"[38] Voraussetzung ist, dass wir über Mechanismen verfügen, die es uns ermöglichen, objektive Erkenntnisse zu interpretieren. Dazu gehört insbesondere, eine Sprache zu beherrschen.

Die menschliche Sprache besitzt Merkmale, die verschiedenen Welten zuzurechnen sind: als physische Handlung der Welt 1, als Ausdruck oder Änderung eines subjektiven Zustands der Welt 2, als Übermittlung einer Bedeutung oder sinnvollen Nachricht, der andere Menschen zustimmen oder widersprechen können, der Welt 3.[39] Auf diesem zuletzt genannten, dem *argumentativen* Aspekt der Sprache aber beruht Welt 3: „Die dritte Welt ist zwar nicht identisch mit der Welt der sprachlichen Formen, aber sie entsteht zusammen mit der argumentativen Sprache: sie ist ein

---

[36] Karl R. Popper: Objektive Erkenntnis – Zur Theorie des objektiven Geistes, Seite 174

[37] Karl R. Popper: Objektive Erkenntnis – Erkenntnistheorie ohne erkennendes Subjekt, Seite 126

[38] Karl R. Popper: Objektive Erkenntnis – Zur Theorie des objektiven Geistes, Seite 184

[39] Karl R. Popper: Objektive Erkenntnis – Zur Theorie des objektiven Geistes, Seite 176, 177

Nebenprodukt der Sprache."[40] Ohne die Sprache würde es keine objektive Erkenntnis geben.

3.2.1 Erste- und Dritte-Person-Perspektive

Die Klassifizierung der Erscheinungen in drei Welten verdeutlicht, dass die Inhalte von Welt 2 und Welt 3 nicht identisch sind. Wird dieser Unterschied nicht berücksichtigt, kann es zu Fehlschlüssen kommen. Das soll an dem häufig geäußerten Argument, dass sich der menschliche Geist nicht selbst erkennen könne, beispielhaft erläutert werden.

Bezieht sich das Argument auf die objektiven Erkenntnisse der Welt 3, bedeutet es, dass keine überprüfbare Theorie über den menschlichen Geist entwickelt werden kann. Dies trifft offensichtlich nicht zu, weil der Geist ein Gegenstand der Wissenschaft ist. Zwar reichen die derzeit verfügbaren Verfahren und Technologien, mit denen das menschliche Bewusstsein untersucht werden kann, noch nicht aus, um alle Arten von Fragestellungen klären zu können. Jedoch unterliegt deren Verfeinerung seit einigen Jahrzehnten einem zunehmend beschleunigten Entwicklungsprozess, wie sich am Beispiel der sogenannten *bildgebenden Verfahren* zeigt, mit denen Einblicke in die Gehirnprozesse lebender Personen möglich sind. Es kann davon ausgegangen werden, dass die bestehenden theoretischen Ansätze mit ähnlicher Dynamik zu einer umfassenden Theorie vereinheitlicht werden.

Als Aussage der Welt 2, der Selbstwahrnehmung eines einzelnen Menschen, aufgefasst, scheint der Einwand zutreffend, weil sich eine Entität aus logischen Überlegungen heraus nicht selbst in vollem Umfang wahrnehmen kann. Dabei gehen wir aufgrund unserer inneren Erfahrung intuitiv davon aus, dass das menschliche Bewusstsein eine unteilbare Einheit ist. Doch in der Selbst-Wesensschau zeigt sich, dass es eine innere Struktur besitzt, und dass mehrere geistige Komponenten zusammenwirken, die ein einheitliches Erleben hervorrufen. Im Zustand des Wesens beobachtet eine Komponente – man könnte sie als *inneren Beobachter* bezeichnen – das innere Geschehen, unter anderem auch Aktionen einiger dieser Komponenten. Somit gilt die Aussage, dass

---

[40] Karl R. Popper: Objektive Erkenntnis – Erkenntnistheorie ohne erkennendes Subjekt, Seite 156

sich der menschliche Geist nicht selbst erkennen kann, aus Sicht der Welt 2 nicht für den Geist in seiner Gesamtheit, sondern nur für den inneren Beobachter.

Der Systematik der drei Welten folgend sind objektive Erkenntnisse über den menschlichen Geist Gegenstände der Welt 3, während intuitive Einsichten eines Menschen, insbesondere diejenigen, die sich auf sein inneres Erleben beziehen, der Welt 2 zuzurechnen sind. Intuitive Erkenntnisse, wie sie sich mitunter bei der Problemlösung spontan ergeben („Aha-Effekt"), müssen durch Beschreibung und Argumentation zu objektiven Erkenntnissen umgeformt, anders formuliert: aus Welt 2 in Welt 3 gebracht werden.

Der Blickwinkel, der auf die Gegenstände der Welt 2 abzielt, wird in der philosophischen Diskussion häufig als *Erste-Person-Perspektive* bezeichnet, während für den Blickwinkel auf die Welt 3 der Begriff *Dritte-Person-Perspektive* verwendet wird. Es ist zu beachten, dass auch sprachlich formulierte Analysen und Beiträge, die den Blickwinkel der Ersten-Person-Perspektive einnehmen, Gegenstände der Welt 3 darstellen.

In diesem Sinne sind auch die beiden Teile der Schöpfungsgeschichte der Bibel objektive Erkenntnisse: Während der erste Teil die Welt aus dem Blickwinkel des äußeren Geschehens betrachtet, legt der zweite Teil das Schwergewicht auf das innere Erleben. Auch der zweite Teil ist ein Gegenstand der Welt 3, denn die Geschichte um den Garten Eden wurde durch symbolische Vergleiche mit Gegenständen der äußeren Welt zu einer objektiven Erkenntnis. Das gilt auch für die Aussagen zu den Konsequenzen, die mit dem Erwerb der Mechanismen, mit denen wir uns objektive Erkenntnisse aneignen können, verknüpft sind.

3.2.2 Die Weiterentwicklung objektiver Erkenntnisse

Objektive Erkenntnisse haben immer *Vermutungscharakter*, d.h. eine Theorie kann jederzeit durch neue Beobachtungen widerlegt oder ihr Geltungsbereich eingeschränkt werden. Durch „Tiefer-Graben" ist es möglich, Theorien zu verbessern.[41] Neue objektive Erkenntnisse werden in Form von Thesen formuliert, die dann

---

[41] Karl R. Popper: Objektive Erkenntnis – Zwei Seiten des Alltagsverstands – ein Plädoyer für den Realismus des Alltagsverstands und gegen die Erkenntnistheorie des Alltagsverstands, Seite 120-122

mittels Argumentation – soweit möglich gestützt auf Experimente – entweder bestätigt oder verworfen werden.

Es kann vorkommen, dass zu einem Zeitpunkt zwei oder gar mehrere Theorien die bekannten Fakten ohne Widersprüche erklären können.[42] Wenn zu einem späteren Zeitpunkt neue Tatsachen oder Argumente bekannt werden, kann geprüft werden, inwieweit diese mit den konkurrierenden Theorien vereinbar sind. Aus diesen Überlegungen folgt, dass es prinzipiell nicht möglich ist zu *beweisen*, dass eine wissenschaftliche Theorie *richtig* ist, weil dazu die Ergebnisse aller relevanten – auch der zukünftigen – Experimente und Argumente bekannt sein müssten.

Der Physiker Carl Friedrich von Weizsäcker weist darauf hin, dass Theorien bzw. allgemeine Gesetze streng genommen nicht einmal wiederlegbar sind, „[…] weil die Interpretation jeder einzelnen Erfahrung schon allgemeine Gesetze voraussetzt."[43] Die Aussage C.F. von Weizsäckers gilt nicht nur für die Physik, sondern für alle Theorien, da bereits die Bewertung eines Versuchsergebnisses im Rahmen einer Vorstellung – oder eines allgemeinen Gesetzes – erfolgt. Der Gedanke der strengen Falsifizierbarkeit muss wohl dem schwächeren Ansatz weichen, zur Prüfung nur solche Theorien heranzuziehen, die im jeweiligen Umfeld als genügend gesichert gelten.

Trotz dieser Einschränkungen erweitert sich durch Anwendung der Methode von Versuch und Irrtum nach und nach der Horizont des objektiven Wissens. Dies gilt sowohl für das allgemein akzeptierte Wissen der Menschheit insgesamt als auch für den Wissenserwerb eines einzelnen Menschen. Prinzipiell könnte der Wissenshorizont an jeder Wissensgrenze weiter hinausgeschoben werden. Übermäßig viele Vorhaben gleichzeitig anzugehen, scheitert jedoch an begrenzten Ressourcen.

Worauf sich der Fokus der Forschung jeweils richtet, wird nach Jürgen Habermas durch gesellschaftliche Interessen gesteuert. Unter *Interessen* versteht er „[…] die Grundorientierungen, die an bestimmten fundamentalen Bedingungen der möglichen Reproduktion und Selbstkonstituierung der Menschengattung, nämlich

---

[42] In der Wissenschaft wird – solange sie nicht widerlegt ist – diejenige Theorie bevorzugt, die mit dem geringsten Umfang an nicht weiter erklärten Grundannahmen auskommt.

[43] Carl Friedrich von Weizsäcker: Die Einheit der Natur, Teil II 4. Ein Entwurf der Einheit der Physik, Seite 218

34

an *Arbeit und Interaktion*, haften. Jene Grundorientierungen zielen deshalb nicht auf die Befriedigung unmittelbar empirischer Bedürfnisse, sondern auf die Lösung von Systemproblemen überhaupt [...]"[44], also auf Erkenntnisgewinn. Erkenntniskritik muss daher auch das gesellschaftliche Umfeld und die gesellschaftliche Entwicklung mit berücksichtigen, weil die *erkenntnisleitenden Interessen* der Gesellschaft die Naturgeschichte des Bildungsprozesses steuern.

Weltweit sind mehrere hunderttausend Menschen hauptberuflich in den Neurowissenschaften tätig. Ein großer Teil der verfügbaren Forschungsmittel fließt derzeit direkt oder indirekt in die Gehirnforschung.[45] Gibt es vielleicht im Umkehrschluss zur Aussage von J. Habermas in den westlich orientierten Industriegesellschaften ein Systemproblem, das mit den Mechanismen des Gehirns und des menschlichen Geistes zusammenhängt? Jedenfalls nehmen Burnout- und Demenz-Erkrankungen in unserer Gesellschaft derzeit stark zu.

---

[44] Jürgen Habermas: Erkenntnis und Interesse, Kapitel 3., Abschnitt 9., Seite 242
[45] Bspw. wurde im ersten Quartal 2013 von der EU und von den USA beschlossen, die Erforschung des menschlichen Gehirns in den kommenden zehn Jahren mit je insgesamt mehr als einer Milliarde Euro zu fördern.

4 Erkenntnisse der Psychologie

Vor gut hundert Jahren begann sich die Erkenntnis durchzusetzen, dass sich Ereignisse, die in der Biografie eines Menschen begründet liegen, auf seine bewussten Einstellungen und aktuellen Handlungen auswirken können. Man erkannte, dass es in vielen Fällen möglich war, seelische Störungen durch die Beobachtung des inneren Erlebens einer Person und die Analyse ihrer individuellen Geschichte zu mildern oder aufzulösen. In der Folge kristallisierte sich die Psychologie als eigenständiger Zweig der Wissenschaft heraus mit dem Ziel, systematisch zu untersuchen, wie seelische Störungen entstehen, und wie seelisches Wohlbefinden gegebenenfalls wiederhergestellt werden kann.

Neben bewussten Vorgängen gibt es in der menschlichen Psyche auch unbewusste Vorgänge, die nach dem Psychologen Carl Gustav Jung zwei unterschiedliche Quellen besitzen:

- *Bewusstsein* mit seinen Funktionen
  - Sinneswahrnehmung
  - Apperzeptionsvorgänge: gerichtete und ungerichtete Aufmerksamkeit
  - Erkenntnisvorgänge: Denken
  - Bewertungsvorgänge: Fühlen
  - Intuition: Ahnung
  - Willensvorgänge
  - Triebvorgänge
- *Persönliches Unbewusstes*
- *Kollektives Unbewusstes.*[46]

4.1 Das Unbewusste

Der Einblick in das unbewusste Geschehen fällt schwer, weil sich die Inhalte des Unbewussten im Gegensatz zu den Inhalten des Bewusstseins nicht direkt durch Introspektion wahrnehmen lassen. Die Psychologie hat jedoch Wege gefunden, die Vorgänge im Unbewussten indirekt zu erschließen, insbesondere durch die Interpretation von Träumen.

Die Traumschöpfung ist im Wesentlichen subjektiv, d.h. alle im Traum auftretenden Figuren sind personifizierte Züge der Per-

---

[46] Carl Gustav Jung: Seelenprobleme der Gegenwart - Die Struktur der Seele

sönlichkeit des Träumers. Träume verarbeiten alle Arten seelischer Inhalte, sowohl des Bewusstseins als auch des persönlichen und des kollektiven Unbewussten. Sie unterliegen anscheinend nicht der Kontinuität der Bewusstseinsinhalte, weil die Trauminhalte vom Träumenden nicht beeinflusst werden können, und weil sie Assoziationen herstellen, die dem Wirklichkeitsdenken fremd sind.[47]

C.G. Jung schließt daraus, dass das Unbewusste autonom, also weitgehend unabhängig vom Bewusstsein agiert, und dass seine Bedeutung für die Psyche ebenso groß ist wie diejenige des Bewusstseins. Er unterscheidet zwei Arten von Träumen:

- *Kompensatorische Träume* vergleichen verschiedene Gedanken, Neigungen, Daten, Standpunkte des Bewussten und des Unbewussten, wodurch ein Ausgleich oder eine Berichtigung innerhalb der Psyche entsteht.
- *Prospektive Träume* nehmen eine Veränderung der psychischen Situation vorweg oder antizipieren zukünftige bewusste Leistungen, z.B. Konfliktlösungen.

Das *persönliche Unbewusste* steht in enger Wechselwirkung sowohl mit dem Bewusstsein als auch mit dem kollektiven Unbewussten. „Das persönliche Unbewußte enthält verlorengegangene Erinnerungen, verdrängte (absichtlich vergessene), peinliche Vorstellungen, sogenannte unterschwellige (subliminale) Wahrnehmungen, d.h. Sinnesperzeptionen, welche nicht stark genug waren, um das Bewußtsein zu erreichen, und schließlich Inhalte, die noch nicht bewußtseinsreif sind."[48] Unbewusste Inhalte werden nicht als Teil der Psyche wahrgenommen, sondern in bestimmten Situationen in die Außenwelt, häufig in andere Personen, *projiziert*.

Das persönliche Unbewusste enthält sogenannte *Komplexe*. Ein Komplex besitzt einen hohen Grad an Autonomie, ist emotional betont und bewirkt – zumindest temporär – einen Zustand der Unfreiheit. Komplexe können als abgesprengte *Teilpsychen* aufgefasst werden, die sogar ein eigenes Bewusstsein haben können. Das Ich selbst stellt einen psychischen Komplex besonders fester Bindung dar (*Ich-Komplex*). Es versucht, andere Komplexe vor dem Bewusstsein zu verbergen, weil es sich vor ihnen „fürchtet".

---

[47] C.G. Jung: Über psychische Energetik und das Wesen der Träume – Allgemeine Gesichtspunkte zur Psychologie des Traumes bzw. Das Wesen der Träume
[48] Carl Gustav Jung: Über die Psychologie des Unbewussten, Kapitel V., Seite 68

Dass diese Furcht real ist, wird beim Ausbruch einer Neurose offenbar: ein Komplex etabliert sich an der bewussten Oberfläche und macht dem Ich-Komplex sozusagen Konkurrenz.[49]

Außer den persönlichen Inhalten des Unbewussten, die mit der individuellen Entwicklungsgeschichte eines Menschen verknüpft sind, können überpersonale Inhalte identifiziert werden, die in allen Menschen gleichermaßen vorhanden sind. Die Gesamtheit dieser Inhalte, das *kollektive Unbewusste*, besteht nach C.G. Jung aus der Menge der Instinkte und ihrer Korrelate, der *Archetypen*, als Selbstabbildung der Instinkte. Archetypen sind kollektiv und in diesem Sinne objektiver Erkenntnis prinzipiell zugänglich.[50] Das kollektive Unbewusste ist „in allen Menschen sich selbst identisch und bildet damit eine in jedermann vorhandene, allgemeine seelische Grundlage überpersönlicher Natur"[51].

4.2 Archetypen

Archetypen sind nach C.G. Jung hypothetische, unanschauliche Vorlagen oder Dispositionen, die jeweils sowohl positive als auch negative Aspekte in sich vereinen. Die archetypische Vorstellung wird im individuellen Bewusstsein erst dann wahrgenommen, wenn sie sozusagen auf ein passendes Objekt projiziert wird. Archetypen tauchen in Träumen, Phantasien, Mythen, Märchen als handelnde Personen auf, oder sie sind der Prozess, die Wandlung selber. Letztere stellen keine Persönlichkeiten, sondern typische Situationen, Örtlichkeiten, Mittel, Wege etc. dar, welche die jeweilige Art der Wandlung symbolisieren. Da sie in den Mythen vieler Völker vorkommen, scheint ihre Existenz nicht abhängig von der Kultur zu sein, in der ein Mensch aufwächst.[52]

Nachfolgend einige Beispiele für Archetypen und die Sachverhalte, die sie repräsentieren:

---

[49] Carl Gustav Jung: Über psychische Energetik und das Wesen der Träume – Allgemeines zur Komplextheorie, Seite 83 ff., und:. Die psychologischen Grundlagen des Geisterglaubens, Seite 185 ff.

[50] Carl Gustav Jung: Über psychische Energetik und das Wesen der Träume – Instinkt und Unbewusstes

[51] Carl Gustav Jung: Bewusstes und Unbewusstes – Über die Archetypen des kollektiven Unbewussten, Seite 12

[52] Carl Gustav Jung: Bewusstes und Unbewusstes – Über die Archetypen des kollektiven Unbewussten

- *Schatten*: Das persönliche Unbewusste, oft durch Wasser oder ähnliche Medien symbolisiert
- *Alter Weiser*: Der Geist, häufig repräsentiert als alter Mann, Meister oder Lehrer etc.
- *Zauberer* (*Mana*-Persönlichkeit): Die magische Kraft, symbolisiert durch einen Helden, mächtigen Mann, Medizinmann
- *Anima*: Projektion auf weibliche Wesen; als Frau dargestellt
- *Animus*: Projektion auf männliche Wesen; häufig symbolisiert als geheimnisvoller Fremder, göttlicher Jüngling oder ähnliche Personen
- *Persona*: Die Maske, die Individualität vortäuscht, einerseits um Eindruck auf die anderen zu machen, andererseits um die wahre Natur des Individuums zu verdecken.
- *Mandala*: Der Prozess der Individuation.[53]

Ebenso wie sich die bewusste Einstellung und das persönliche Unbewusste nicht im Gleichgewicht befinden können, kann es zu Fehlhaltungen im Verhältnis des Bewusstseins zum kollektiven Unbewussten kommen. Die Hauptgefahr besteht darin, dem faszinierenden Einfluss der Archetypen zu unterliegen, insbesondere wenn man sich die archetypischen Bilder nicht bewusst macht. Störungen im kollektiven Unbewussten eines Menschen können nicht einfach rational beseitigt werden, sondern erfordern eine Auseinandersetzung der Person mit seinem „guten Engel" in einem inneren Dialog.

Nach Ansicht von C.G. Jung kann eine derartige Störung kollektive Ausmaße annehmen. „Erst in der Aufklärungsepoche fand man, dass die Götter doch nicht wirklich existierten, sondern Projektionen waren. Aber die ihnen entsprechende psychische Funktion war keinesfalls erledigt, sondern verfiel dem Unbewussten, wodurch die Menschen selber vergiftet wurden durch einen Überschuss an Libido, der vorher im Kult des Götterbildes angelegt war. Die Entwertung und Verdrängung einer so starken Funktion, wie es die religiöse ist, hat natürlich beträchtliche Folgen für die Psychologie des Einzelnen. Das Unbewusste wird nämlich durch den Rückfluss dieser Libido außerordentlich verstärkt, so dass es anfängt, mit seinen archaischen Kollektivinhalten einen gewaltigen Einfluss auf das Bewusstsein auszuüben. Die Periode der Aufklärung schloss bekanntlich mit den Gräueln der

---

[53] Siehe Abschnitt „Die Individuation"

französischen Revolution."[54] Und an anderer Stelle: „Die Götter von Hellas und Rom gingen an der derselben Krankheit zugrunde wie unsere christlichen Symbole: damals wie heute entdeckten die Menschen, dass sie sich nichts darunter *gedacht* hatten."[55]

4.3 Die Individuation

Mit *Individuation* bezeichnet C.G. Jung den Prozess, der die Reifung der individuellen Persönlichkeit zum Ziel hat, indem unbewusste Inhalte – unter anderem Projektionen von Archetypen – nach und nach ins Bewusstsein gehoben werden. „Individuation kann daher nur einen psychologischen Entwicklungsprozess bedeuten, der die gegebenen individuellen Bestimmungen erfüllt, mit anderen Worten, den Menschen zu *dem* bestimmten Einzelwesen macht, das er nun einmal ist. Damit wird er nicht «selbstisch» im landläufigen Sinne, sondern er erfüllt bloß seine Eigenart, was […] von Egoismus oder Individualismus himmelweit verschieden ist." Und weiter: „Der Zweck der Individuation ist nun kein anderer, als das Selbst aus den falschen Hüllen der Persona einerseits und der Suggestivgewalt unbewusster Bilder andererseits zu befreien."[56]

Die Stationen eines derartigen Entwicklungsprozesses verdeutlicht C.G. Jung unter anderem anhand einer alchemistischen Bilderserie. Innerhalb der Alchemie kristallisierten sich im Laufe der Zeit zwei Interessensschwerpunkte heraus: die Untersuchung der stofflichen Zusammensetzung der Materie einerseits und die Beschreibung des seelischen Geschehens andererseits. Aus der ersten Strömung ist die Chemie als Wissenschaft hervorgegangen, während die zweite als ein Vorläufer der Psychologie betrachtet werden kann. „Ihr Geheimnis [Anm.: gemeint ist die Alchemie] ist die […] Verwandlung der Persönlichkeit durch die Mischung und Bindung edler und unedler Bestandteile, der differenzierten und der minderwertigen Funktionen, des Bewussten und des Unbewussten."[57]

---

[54] Carl Gustav Jung: Über die Psychologie des Unbewussten, Kapitel VII., Seite 97

[55] Carl Gustav Jung: Bewusstes und Unbewusstes – Über die Archetypen des kollektiven Unbewussten, Seite 22

[56] Carl Gustav Jung: Die Beziehungen zwischen dem Ich und dem Unbewussten – Die Individuation, Seite 66

[57] Carl Gustav Jung: Die Beziehungen zwischen dem Ich und dem Unbewussten – Die Individuation, Seite 115

Die Szenen der alchemistischen Bilderserie[58] zeigen unter anderem die Vereinigung eines Königs mit einer Königin, den Tod des verschmolzenen Wesens sowie dessen erneute Geburt als *eine* Person. C.G. Jung interpretiert diese Szenen aus psychologischer Sicht. „Die coniunctio [Vereinigung] findet [...] nicht mit dem persönlichen Partner statt, sondern sie stellt ein Königsspiel zwischen dem Aktiv-Männlichen der Frau, also dem Animus einerseits und dem Passiv-Weiblichen des Mannes, also der Anima dar. Obschon diese beiden Figuren stets das Ich verlocken, sich mit ihnen zu identifizieren, so ist eine wirkliche Auseinandersetzung, auch persönlicher Natur, nur dann möglich, wenn man sich *nicht* mit ihnen identifiziert."[59]

„Dieser «Sohn» ist der neue Mensch, der aus der Vereinigung von König und Königin entsteht, und zwar wird er hier nicht etwa von der Königin geboren, sondern sie selber mit dem König wird in die neue Geburt verwandelt. In psychologische Sprache übersetzt, lautet das Mythologem: die Vereinigung des Bewußtseins oder der Ichpersönlichkeit mit dem als anima personifizierten Unbewußten erzeugt eine neue Persönlichkeit, welche beide Komponenten umfaßt [...]. Sie ist bewußtseinstranszendent und daher nicht mehr als *Ich*, sondern als *Selbst* zu bezeichnen."[60]

Geht man davon aus, dass der zweite Teil der Schöpfungsgeschichte symbolhaft erklärt, was sich in der Psyche eines Menschen abspielt, wenn er sich die Fähigkeit aneignet, objektive Erkenntnisse erwerben zu können[61], so liegt es nahe, *Adam* als männliches und *Eva* als weibliches Prinzip im psychischen Geschehen einer Person aufzufassen. Symbolisieren Adam und Eva vielleicht die Archetypen des Animus und der Anima? Jedenfalls agieren Adam und Eva im Sündenfall gemeinsam, um die aus Erkenntnissen resultierenden Wünsche in die Tat umzusetzen. Eine Folge dieser Tat ist, dass die Unbeschwertheit des Lebens verloren geht.[62]

---

[58] Carl Gustav Jung: Die Psychologie der Übertragung, Die Bilderserie des Rosarium Philosophorum als Grundlage für die Darstellung der Übertragungsphänomene, Seite 51 ff.

[59] Carl Gustav Jung: Die Psychologie der Übertragung, Seite 114

[60] Carl Gustav Jung: Die Psychologie der Übertragung, Seite 118, 119

[61] Siehe Abschnitt „Das Erkenntnisvermögen des Menschen" im Kapitel „Berichte über spirituelle Erfahrungen"

[62] Altes Testament der Bibel, 1.Buch Mose Kapitel 3; siehe auch Kapitel „Das Ich-Bewusstsein aus dem Blickwinkel der spirituellen Erfahrung".

Im Prozess der Individuation wird offenbar angestrebt, sich dieser Unbeschwertheit wieder zu nähern. „Das «Sehen des Geistes» schließt Selbstbefreiung ein. Psychologisch gesprochen heißt dies, dass je mehr Gewicht wir dem unbewussten Prozesse zumessen, wir uns um so mehr lösen von der Welt der Begehrlichkeit und der getrennten Gegensätze, und um so mehr nähern wir uns dem Zustand der Unbewusstheit, welcher durch Einheit, Unbestimmtheit, Zeitlosigkeit charakterisiert ist. Das ist wahrlich eine Befreiung des Selbst von seiner Verstrickung in Leiden und Kämpfe."[63]

Die Denk- und Verhaltensweisen, die C.G. Jung mit „Begehrlichkeit" umschreibt, behindern die Individuation: „Wenn Patienten oder normale Menschen mit ihrem unbewussten Material bekannt werden, werfen sie sich mit derselben hemmungslosen Begierde und Gier darauf, die sie vorher in die Extraversion gestürzt hatte. Das Problem ist nicht so sehr die Zurückhaltung von den Wunschobjekten, als eine losgelöste Haltung zu dem Wunsch als solchem, gleichgültig, was für ein Objekt er hat."[64]

4.4 Empathische Beziehungen

Den Schlüssel für ein erfülltes Leben sieht der Psychologe und Mediator Marshall B. Rosenberg in einfühlenden, *empathischen* Beziehungen zu anderen Menschen und zu sich selbst.[65] Empathie setzt voraus, dass wir den direkten Zugang zu unseren ursprünglichen Bedürfnissen besitzen.

Als Beispiele nennt er körperliche Bedürfnisse wie Hunger und Durst, Bedürfnisse nach Anerkennung, nach Selbstbestimmung, nach Ordnung, das Bedürfnis frei von Angst zu sein, aber auch zum Wohlbefinden anderer Menschen beitragen zu dürfen. Diese Bedürfnisse werden immer im momentanen Augenblick, also in der Gegenwart erfahren. Sie sind unmittelbar, weder gut noch schlecht.

Nur wenn es uns gelingt, sowohl unsere eigenen Bedürfnisse als auch die Bedürfnisse anderer Personen wahr und ernst zu neh-

---

[63] Psychologischer Kommentar in W.Y. Evans-Wentz: Der geheime Pfad der großen Befreiung, Seite 39
[64] Psychologischer Kommentar in W.Y. Evans-Wentz: Der geheime Pfad der großen Befreiung, Seite 41
[65] Marshall B. Rosenberg: Einführung in die Gewaltfreie Kommunikation

men, können wir tiefreichende empathische Beziehungen aufbauen. Sobald wir urteilen, uns etwas wünschen oder eine zurückliegende Situation in Erinnerung rufen, befinden wir uns nicht in direkter Verbindung mit solchen Bedürfnissen, sondern entwickeln allenfalls Vorstellungen über Bedürfnisse.[66]

M.B. Rosenberg beschreibt, wie es durch die Erziehung in den westlich orientierten Gesellschaften dazu kommt, dass sich Menschen von ihren ursprünglichen Bedürfnissen entfernen. Beispielsweise ist es weit verbreitet, angepasstes Verhalten zu belohnen und nicht angepasstes zu bestrafen. Wenn sich derartige Erfahrungen wiederholen, beginnen Kinder danach zu streben, die mit Strafen verbundenen Schmerzen zu vermeiden und die mit Belohnungen verknüpften Vorteile zu erlangen.

Ein anderes häufig angewendetes Erziehungsmittel bezweckt, im Kind das Gefühl von Schuld hervorzurufen, indem Aktionen des Kindes als Ursache für negative Gefühle oder das Unglück der erziehenden Person dargestellt werden, etwa durch Aussagen wie: „Du bist schuld, dass ich mich schlecht fühle" oder „Es macht mich ärgerlich, dass …". Durch derartige Aussagen wird ein Auslöser – das Verhalten einer Person – mit einem Ergebnis – dem Unwohlsein einer anderen Person – ursächlich verknüpft. Nach einer Reihe derartiger Erfahrungen hat ein Kind Schuldgefühle, wenn es einen entsprechenden Auslöser wahrnimmt.[67]

Letztlich entwickeln wir Vorstellungen über und Erwartungen an uns selbst[68], die ständig überprüft werden müssen, so dass wir weniger Aufmerksamkeit auf unsere Bedürfnisse richten können.

Erziehende setzen entsprechende Erziehungsmittel unbewusst ein, weil sie diese selbst während ihrer eigenen Erziehung internalisiert haben. Mit diesen Verhaltensweisen wird ein Stück der Selbstbestimmung an andere Personen oder Institutionen abgegeben, weil unreflektiert vorausgesetzt wird, dass es eine Autorität gibt, die weiß, was für jeden Menschen *richtig* ist. Eine derartige, von Menschen geschaffene Autorität kann es aber schon deshalb nicht geben, weil diese die Bedürfnisse eines jeden Menschen zu jeder Zeit und in jeder Situation kennen müsste.

---

[66] Marshall B. Rosenberg: Einführung in die Gewaltfreie Kommunikation
[67] Marshall B. Rosenberg: Was deine Wut dir sagen will, CD 1, Track 8
[68] Im Abschnitt „Die Ausprägung der Persönlichkeit" des Kapitels „Konzepte aus der Perspektive des Systemdenkens" wird ein ergänzender Ansatz aus Sicht der Psychoanalyse vorgestellt.

Haben wir solche Vorstellungen erst einmal internalisiert, kann *verbale Gewalt* auf uns ausgeübt werden, und umgekehrt können auch wir andere Menschen mit verbaler Gewalt in Bedrängnis bringen. Nahezu alle Menschen, die in einer westlich geprägten Gesellschaft aufgewachsen sind, haben sich derartige Verhaltensweisen angeeignet. Die damit verbundene Art von Gewalt wird uns durch Gefühle wie Wut, Angst, Niedergeschlagenheit, Schuld und Scham signalisiert.

Marshall B. Rosenberg propagiert die Methode der *Gewaltfreien Kommunikation*. Seiner Erfahrung nach sind die ursprünglichen Bedürfnisse der Menschen überall auf der Welt gleich. Wenn wir die Ebene der vorgefassten Meinungen und Projektionen verlassen, um uns in die Gesprächspartner empathisch einzufühlen, können Konflikte bereinigt oder vermieden werden. Wenn uns beispielsweise ein Gesprächspartner emotional kritisiert, ist die angemessene Reaktion, auf die Bedürfnisse des Gesprächspartners zu achten, die hinter dieser Kritik stehen, nicht dagegen die emotionalen Teile der Kritik auf uns selbst zu beziehen. Wenn dies gelingt, kann ein Weg gefunden werden, alle Beteiligten zufriedenzustellen.

Auf erste Sicht scheint es nur wenige Gemeinsamkeiten zwischen den Prozessen der Individuation und des Erlernens empathischen Verhaltens zu geben, weil sich der erste Prozess innerhalb einer Person abspielt, während sich der zweite eher auf andere Personen richtet. Die Fähigkeit, sich in andere Menschen empathisch einfühlen zu können, bedingt aber nach M.B. Rosenberg, dass wir einen empathischen Zugang zu uns selbst haben. Das setzt voraus, als Person zu reifen, also den Weg der Individuation ein gutes Stück weit zu gehen.

5 Erkenntnisse der Verhaltensbiologie

Die Beobachtung und die vergleichende Analyse des Verhaltens von Individuen unterschiedlicher Arten lässt Rückschlüsse darauf zu, wie Verhaltensweisen und lebenswichtige Funktionen, insbesondere das Erkenntnisvermögen, im Verlauf der Stammesgeschichte entstanden und sich veränderten. In den betrachteten Entwicklungen zeigen sich allgemeine Merkmale, die für evolutionäre Prozesse kennzeichnend sind.

5.1 Evolution als erkenntnisgewinnender Prozess

„Organismen sind Systeme, die in einem Kreis sogenannter *positiver Rückkopplung* Energie gewinnen."[69] Die Vorgänge des Energiegewinns stehen in einem Verhältnis positiver Rückwirkung mit Prozessen des Informationsgewinns.[70] Ein Organismus nimmt Informationen über die Gegebenheiten in seinem Umfeld auf und passt sich an, „… wodurch sich seine Aussichten auf Energiegewinn vermehren oder die Wahrscheinlichkeit des Energieverlustes vermindert wird".[71] Derartigen Prozessen unterliegen sowohl die Arten als auch jedes Individuum einer Art.

Der Biologe Rupert Riedl fasst das evolutionäre Geschehen als *erkenntnisgewinnenden Prozess* auf. Soviel wir wissen, enthielt das Universum kurz nach dem Urknall nur einfache Quanten. Zwischen diesen kleinsten Bausteinen und dem Universum als Ganzem bildeten sich schrittweise Schichten der Welt heraus: verschiedene Arten physikalischer Quanten, die sich etwas später zu Atomen zusammenschlossen, und aus denen sich galaktische Nebel, Sonnen und Planeten formten. Im weiteren Verlauf entstanden schwere Atome, Moleküle, Biomoleküle, vorzelluläre Bausteine, Zellen, mehrzellige Organismen und schließlich der Mensch sowie die vom Menschen geschaffenen Kulturen.[72]

Eine neue Schicht mit neuen, zuvor noch nicht dagewesenen Merkmalen differenziert sich jeweils zwischen zwei bereits vor-

---

[69] Konrad Lorenz: Die Rückseite des Spiegels, I. Kapitel, Abschnitt 1, Seite 35
[70] Konrad Lorenz: Die Rückseite des Spiegels, I. Kapitel, Abschnitt 4, Seite 44
[71] Konrad Lorenz: Die Rückseite des Spiegels, I. Kapitel, Abschnitt 2, Seite 37
[72] Rupert Riedl: Biologie der Erkenntnis, Kapitel 5, Seite 160-164

handenen Schichten aus, wobei die Bedingungen in den übergeordneten Schichten selektierend wirken.[73] Diesen Vorgang bezeichnet Konrad Lorenz als *Fulguration*. Neu entstandene Merkmale lassen sich deswegen nicht allein erklären durch Funktionen und Mechanismen untergeordneter Schichten, aus denen sie sich entwickelt haben, sondern dazu müssen auch die Bedingungen bekannt sein, die zu ihrer Selektion geführt haben.

Die biologische Evolution entfaltet sich in schraubenförmigen Zyklen, indem in jeder Schicht – bedingt durch die innere Struktur der Organismen – *Erwartungen* an die Umwelt vorhanden sind, die durch ihre *Erfahrungen* zu Anpassungen und zu einer neuen Schicht führen. Dann beginnt wieder ein neuer Zyklus, in dem die neu erworbenen Anpassungen zusätzliche *Erwartungen* der neu entstandenen Schicht an die Umwelt darstellen. Analog gilt dies auch für die kulturelle Evolution.[74]

So eingängig das Bild von der Entfaltung von Schichten veranschaulicht, wie die belebte und die unbelebte Natur entstanden sind, so vielfältig und komplex sind die Faktoren, die das evolutionäre Geschehen beeinflussen. Der Verhaltensphysiologe und Neurobiologe Gerhard Roth teilt diese Vorgänge ein in solche der *Mikroevolution*, die allmähliche Veränderungen von Merkmalen bewirken, und solche der *Makroevolution*, die zur Entstehung neuer Ordnungen und Klassen von Lebewesen führen.[75]

Mikroevolutive Veränderungen lassen sich durch zufällige Mutationen und natürliche Selektion erklären. Selektion stabilisiert Arten, weil weniger günstige Merkmale im Laufe der Zeit verschwinden.[76] Natürliche Selektion setzt an vielen Merkmalen parallel an, und wirkt vor allem „[…] in jenen schmalen Ausschnitten der Wirklichkeit, in welchen immer wieder zwischen Überleben und Nichtüberleben entschieden wurde".[77] Was an Anpassungsvorteilen gewonnen wird, wirkt sich auf zukünftige Veränderungen aus. „Die Leistung einer fest angepaßten Struktur muß […] stets durch den *Verlust an Freiheitsgraden* erkauft werden."[78]

---

[73] Rupert Riedl: Biologie der Erkenntnis, Kapitel 5, Seite 160-164 und Kapitel 6
[74] Rupert Riedl: Biologie der Erkenntnis, Kapitel 6, Seite 178
[75] Gerhard Roth: Wie einzigartig ist der Mensch? – Die lange Evolution der Gehirne und des Geistes, Kapitel 2, Seite 22, 23
[76] Gerhard Roth: Wie einzigartig ist der Mensch?, Kapitel 2 und 15
[77] Rupert Riedl: Die Strategie der Genesis, Kapitel 3, Seite 89
[78] Konrad Lorenz: Die Rückseite des Spiegels, I. Kapitel, Abschnitt 3, Seite 43

Vorgänge der Makroevolution können die Richtung der Mikroevolution verändern, beispielsweise wenn wenige Individuen einer Art einen neuen Lebensraum besiedeln und eine neue Art begründen. Gravierende Einschnitte gab es im Verlauf der Erdgeschichte durch mehrere Naturkatastrophen, in deren Folge viele Arten ausstarben. Bei solchen Ereignissen haben Generalisten bessere Überlebenschancen als Arten, die an spezielle Bedingungen besonders gut angepasst sind.[79]

Neueren Forschungsergebnissen zufolge beeinflussen nicht nur zufällige Mutationen den Verlauf der Evolution, sondern innerhalb eines *Genoms* – der Menge aller Gene einer Art – hat es mehrfach Umbauprozesse gegeben. „Was neuen Arten den Weg bahnt, scheinen [...] von den jeweiligen biologischen Systemen als Reaktion auf Umweltstressoren veranlasste genomische Selbstveränderungen zu sein. Diese müssen sich *dann* natürlich auch als lebenstüchtig erweisen, das heißt sie unterliegen *sekundär* einer Selektion [...]."[80]

5.2 Der menschliche Erkenntnisapparat

Die Zeitspanne, bis neugewonnenes Wissen ins Genom übernommen wird, entspricht mindestens der Lebensdauer einer Generation. Zwar scheinen vorhandene Gene aufgrund sogenannter *epigenetischer* Effekte auch durch Umwelteinflüsse an- oder abgeschaltet werden zu können. Aber diese Effekte wirken nur langfristig und nur für bestimmte Zwecke. Weil viele andere Gegebenheiten in der Umwelt nicht konstant bleiben, benötigt das einzelne Individuum Mechanismen, um kurzfristig Veränderungen erkennen und darauf reagieren zu können. Eine Art würde nicht lange überleben, wenn ihre Individuen über keine passenden Mechanismen verfügten.

Derartige Mechanismen stellt der Erkenntnisapparat bereit. Er ermöglicht es Individuen, sich in ihrer Umwelt angemessen zu verhalten. Beispiele für Arten der Wechselwirkung zwischen Subjekt und Außenwelt sind nach Konrad Lorenz: Wahrnehmen, Erkennen, Denken, Wollen. Diese Wechselwirkungen stellen auf Seiten des Subjekts *Tätigkeiten* dar. Erkenntnisse gewinnt ein Indi-

---

[79] Gerhard Roth: Wie einzigartig ist der Mensch?, Kapitel 2 und 15
[80] Joachim Bauer: Das kooperative Gen – Abschied vom Darwinismus, Kapitel 6, Seite 104

viduum daher nur dann, wenn es die Reize der Außenwelt *aktiv* verarbeitet, auch wenn diese Vorgänge nicht immer bewusst sind.[81]

Intuitiv gehen wir davon aus, dass der Erkenntnisapparat in gewisser Weise an die Außenwelt angepasst ist. „Der Mensch ist selbst der Spiegel in dem und von dem die Wirklichkeit abgebildet wird."[82] Die „Rückseite dieses Spiegels" ist der physiologische Apparat, dessen Leistung im Erkennen der Welt besteht.

Weil der Selektionsdruck vorrangig in gewissen Ausschnitten der Wirklichkeit angesetzt hat, stellt der menschliche Erkenntnisapparat die Wirklichkeit allerdings vereinfacht dar. So erfassen die Sinnesorgane nur bestimmte physikalisch verfügbare Informationen. Beispielsweise wird aus dem umfangreichen Spektrum elektromagnetischer Wellen nur ein kleiner Ausschnitt mit den Augen als Licht, ein anderer Ausschnitt mit dem Temperatursinn als Wärmestrahlung registriert. Ein Sinn zur Wahrnehmung radioaktiver Strahlung fehlt dem Menschen ganz.

Auch viele physikalische Gegebenheiten, wie z.B. die Relativität von Raum und Zeit, entgehen dem natürlichen Erkenntnisvermögen, weil sie in der Vergangenheit nicht überlebensnotwendig waren. Dennoch spielen manche dieser Gegebenheiten im Lebensumfeld des Menschen inzwischen eine Rolle. Mit Hilfe des begrifflichen Denkens ist der Mensch in der Lage, die relevanten Faktoren zu erfassen und zu analysieren, so dass er sie in der Praxis mit technischen Hilfsmitteln beherrschen kann.

Weil wir die Welt nur über unseren Erkenntnisapparat erfahren, können wir keine Aussagen darüber machen, wie die Welt wirklich ist. Unser Erkenntnisvermögen ermöglicht es uns aber, unsere Vorstellungen über die Realität zu erweitern und schrittweise zu verfeinern. So zeigt sich das Prinzip des erkenntnisgewinnenden Prozesses auch im Bereich der objektiven Erkenntnisse, indem Theorien (*Erwartungen*) formuliert werden, die sich durch Versuche (*Erfahrungen*) bestätigen oder widerlegen lassen. Im Fall der Widerlegung wird eine neue, besser angepasste Theorie formuliert, die die neuen Erkenntnisse berücksichtigt. In einem Punkt unterscheiden sich aber die beiden erkenntnisgewinnenden

---

[81] Konrad Lorenz: Die Rückseite des Spiegels, Erkenntnistheoretische Prolegomena, Abschnitt 1., Seite 12

[82] Konrad Lorenz: Die Rückseite des Spiegels, Erkenntnistheoretische Prolegomena, Abschnitt 4., Seite 28

Prozesse: „Das Genom lernt nur aus seinen Erfolgen, der forschende Mensch auch aus seinen Irrtümern."[83]

5.3 Mechanismen des Erkenntnisapparats

Der Erkenntnisapparat setzt sich aus Mechanismen und Funktionen zusammen, die mehrere Schichten kognitiver Leistungen bis hin zu den höchsten Formen menschlichen Erkenntnisstrebens bereitstellen. Während die Leistungen der höheren Schichten bewusst wahrgenommen oder genutzt werden können, gilt dies nicht für die Leistungen der elementaren Schichten.[84]

Die Basis des Apparats bilden Mechanismen, die immer gleichartig ablaufen, und die nicht imstande sind, Informationen zu speichern. Dazu gehört der *Regelkreis* (die negative Rückkopplung), der viele chemische, biologische, neurophysiologische und soziale Prozesse steuert, und insbesondere bei Reaktionen des Organismus auf Reize der Außenwelt (*Reizbarkeit*) eine wichtige Rolle spielt. Bei freibeweglichen Organismen kommen die durch Reize ausgelösten Bewegungen (*amöboide Reaktion*), die Optimierung der Aufenthaltsdauer bei günstigen bzw. ungünstigen Umweltbedingungen (*Kinesis* und *phobische Reaktion*) sowie Orientierungsreaktionen (*Taxis*) hinzu. Die jeweiligen Leistungen entstehen nicht durch Anpassung des Individuums, sondern sind Funktionen fertig angepasster Strukturen. Sie bilden die Grundlagen aller individuellen Erfahrung und müssen eben deshalb gegen jede Modifikation durch Erfahrung resistent sein.

Mechanismen, die es erlauben, das Verhalten eines Individuums zu verändern, sind als sogenannte *offene Programme*[85] im Genom codiert. Offene Programme können durch das Lernen des Individuums angepasst werden. „Alles Lernen ist eine arterhaltende Modifikation jener physiologischen Mechanismen, deren Funktion das Verhalten ist."[86] Offene Programme wirken bei sogenannten *adaptiven Verhaltensmodifikationen*, beispielsweise beim Erlernen von Bewegungsabläufen und der Herabsetzung der Schwellenwerte von Schlüsselreizen in der Sinneswahrnehmung (*sensorische Wahrnehmung*).

---

[83] Konrad Lorenz: Die Rückseite des Spiegels, I. Kapitel, Abschnitt 2, Seite 40

[84] Konrad Lorenz: Die Rückseite des Spiegels, IV. bis VII. Kapitel, Seite 65-211

[85] Im Sinne von Ernst Mayr: Artbegriff und Evolution, Parey 1967

[86] Konrad Lorenz: Die Rückseite des Spiegels, V. Kapitel, Abschnitt 9, Seite 109

Durch *Gewöhnung* bzw. *Angewöhnung*, in der *Fluchtreaktion* und bei der *Prägung* können Verknüpfungen zwischen zwei vorher nicht in ursächlichem Zusammenhang stehenden nervlichen Funktionen hergestellt werden. Im Falle der Prägung werden Verhaltensweisen, besonders soziale, in frühen sensitiven Entwicklungsphasen irreversibel auf ein Objekt fixiert.

Bei der *Dressur durch Belohnung*, z.B. beim Einüben von Bewegungsabläufen (*motorisches Lernen*), wirkt der Enderfolg eines Ablaufes modifizierend auf die sie einleitenden Verhaltensweisen zurück. Dieser Prozess setzt ein „weit offenes Programm" voraus, mit dem die Handlung initiiert wird. Außerdem müssen die Handlungs-Elemente des letzten Ablaufs erinnert und mit dem zurückgemeldeten Erfolg in Beziehung gesetzt werden.

Die Wurzeln des begrifflichen Denkens sieht K. Lorenz in folgenden Fähigkeiten:

- Die *Gestaltwahrnehmung* abstrahiert aus den Sinnesdaten vereinfachte Muster, die das Erkennen und Wiedererkennen von Objekten unter unterschiedlichen Bedingungen erlaubt.

- Bei der *räumlichen Orientierung* vollzieht sich eine innere Handlung im vorgestellten, das heißt in dem innerhalb des Zentralnervensystems modellmäßig repräsentierten Raum.

- Die *gekonnte Bewegung*, in der kleinste Elemente der Bewegungskoordination in einer übergeordneten Einheit zusammengefasst werden, dient zur Beschleunigung eines Ablaufs in kritischen Situationen.

- Das *Neugierverhalten* ist ein *untersuchendes* Verhalten in *entspanntem* Umfeld zum Erwerb *sachlichen* Wissens. Der Mensch verdankt der Verlangsamung seines Heranwachsens und dem dauernden Verharren auf einer jugendlichen Entwicklungsstufe seine lebenslange Neugier.

- Die *Nachahmung* bildet eine Voraussetzung für das Entstehen einer Wortsprache.

- Die Weitergabe individuell erworbenen Wissens von einer Generation auf die nächste, wobei sich das Wissen zunächst direkt auf ein Objekt bezieht (*Tradition*).

Erst das begriffliche Denken und die Wortsprache des Menschen erlauben es, das Wissen objektunabhängig weiterzugeben.

6 Erkenntnisse der Kognitionswissenschaften

Die verschiedenen Forschungsrichtungen innerhalb der Kognitionswissenschaften versuchen, die Leistungen des menschlichen Erkenntnisapparats nach Grundsätzen der Informationsverarbeitung zu beschreiben, um daraus Erkenntnisse über die Struktur und die Entwicklung kognitiver Funktionen und des Bewusstseins zu gewinnen.

Die Erweiterung der analytischen Fähigkeiten des Menschen scheinen zwei Faktoren stark beeinflusst zu haben: die kulturelle Evolution einerseits und die Veränderungen des Gehirns, vor allem das Wachstum des Großhirns andererseits.

6.1 Ursachen für das Wachstum des Großhirns

Der Psychologe und Evolutionsbiologe Robin Dunbar untersuchte, durch welche Bedingungen das Großhirn zu überproportionalem Wachstum stimuliert wurde. Dazu stellte er die in der Fachliteratur veröffentlichten Hypothesen zusammen, und gruppierte sie zu vier Theorien mit zum Teil mehreren Unterpunkten.

Zwei dieser Theorien schloss er aus, weil sie dem evolutionären Prinzip der Ausgewogenheit zwischen Aufwand und erzieltem Nutzen nicht genügen, und daher als alleinige Erklärung nicht ausreichen, wie z.B. dass sich große Gehirne indirekt als Folge der Zunahme der Körpergröße ergaben. Die beiden anderen Theorien, die als Ursache des Gehirnwachstums den Aufwand zur Nahrungssuche bzw. die Komplexität des sozialen Umfelds annehmen, verfolgte er unter Nutzung statistischer Hilfsmittel weiter.

Um statistische Methoden anwenden zu können, werden messbare Größen benötigt, die einerseits die Merkmale adäquat repräsentieren, und die andererseits auf einfache Weise ermittelt werden können. Als Maß für den Aufwand bei der Nahrungssuche wählte R. Dunbar den Anteil von Früchten gegenüber Blättern in der Nahrung (höherer Suchaufwand für Früchte), die durchschnittlich am Tag zurückgelegte Strecke zur Nahrungssuche und das Benutzen von Werkzeugen, um an die Nahrung zu kommen. Als Maß für die Komplexität des sozialen Umfelds wählte er die durchschnittliche Anzahl der Mitglieder von Gruppen, in denen die Individuen der jeweiligen Art zusammenleben.

Er verglich die Ausprägung der jeweiligen Merkmale von ca. 20 Arten in der Stammbaum-Linie ausgehend von den Halbaffen, über Affen und Menschenaffen bis hin zum Menschen mit der Größe ihrer Gehirne.[87] Als Maß für die Gehirngröße verwendete er das Verhältnis der Volumina des Großhirns und des verlängerten Rückenmarks. Das verlängerte Mark ist ein Teil des Gehirns, der sich in der Evolution vergleichsweise wenig verändert hat. Durch die Bildung des Verhältnisses werden die Abweichungen, die sich allein aus Größenunterschieden der jeweils untersuchten Individuen und Arten ergeben, weitgehend eliminiert.

In der statistischen Auswertung korreliert nur die durchschnittliche Anzahl der Gruppenmitglieder mit dem Wachstum des Großhirns, während sich bei allen drei Unterthesen zum Aufwand bei der Nahrungssuche keine statistische Signifikanz ergibt. Der Überlebensvorteil, den das umfangreiche Großhirn den Primaten verschafft, scheint demnach darin zu bestehen, in größeren Gruppen zusammenleben zu können.[88]

Rechnet man den statistischen Mittelwert der untersuchten Arten auf das Gehirnvolumen des Menschen hoch, ergibt sich eine Gruppengröße von ca. 150 Individuen. Tatsächlich leben einige indigene Völker auf verschiedenen Kontinenten in Gruppen von ca. 150 Personen.[89]

Darüber hinaus untersuchte R. Dunbar, welche Arten mentaler Vorgänge in Sozialverbänden ein großes Gehirn erfordern könnten. Er ging von fünf möglichen Erklärungen aus, unter anderem der Fähigkeit, viele visuelle Signale erkennen bzw. interpretieren oder sich viele Gesichter merken zu können. Aufgrund verschiedener Überlegungen kommt er zum Schluss, dass den entscheidenden Einfluss auf das Wachstum des Großhirns die Fähigkeit gehabt hat, Informationen über die sozialen Beziehungen in der Gruppe wahrnehmen und beeinflussen zu können.[90]

---

[87] Robin Dunbar: The Social Brain Hypothesis, Seite 179.

[88] Weitere Theorien, die mit der Informationsverarbeitung im Gehirn zu tun haben, siehe Gerhard Roth: Wie einzigartig ist der Mensch?, Kapitel 12 und 13.

[89] Robin Dunbar: The Social Brain Hypothesis, Seite 186-187

[90] Robin Dunbar: The Social Brain Hypothesis, Seite 184-186. Eine mögliche Erklärung, weshalb die damit zusammenhängenden Verarbeitungen aufwendig sind, findet sich im Kapitel „Konzepte aus der Perspektive des Systemdenkens".

6.2 Die Evolution des menschlichen Bewusstseins

Wenn die These zutrifft, dass Bewusstsein eine Errungenschaft der Evolution ist, dann muss sich die spezifisch menschliche Form des Bewusstseins aus derjenigen der stammesgeschichtlichen Vorfahren des Menschen, also Primaten und Hominiden, heraus entwickelt haben.

6.2.1 Das Bewusstsein der Primaten

Nach Ansicht des Psychologen und Kognitionswissenschaftlers Merlin Donald besitzen Primaten ein sogenanntes *episodisches Bewusstsein*, das keiner kulturellen Anpassung unterworfen ist. Diese Form des Bewusstseins scheint nur bei Primaten vollständig vorhanden zu sein. Es ist im Laufe der Evolution in drei wesentlichen Schritten entstanden.[91]

Die erste Stufe ermöglicht die Zusammenführung einzelner Wahrnehmungsinhalte zur integrierten Wahrnehmung komplexer Objekte und Ereignisse, die sogenannte *perzeptuelle Bindung*. Da oftmals gleichzeitig mehrere Wahrnehmungen miteinander konkurrieren, ist es zusätzlich erforderlich, die Aufmerksamkeit gezielt auf einzelne Objekte oder Ereignisse lenken zu können.

Auf der zweiten Stufe hat sich ein Kurzzeit-Arbeitsgedächtnis herausgebildet. Mit dessen Hilfe kann das Bewusstsein in einem engen Zeitfenster – quasi gleichzeitig – auf mehrere Inhalte ausgerichtet werden.

Die Errungenschaften der dritten Stufe ermöglichen es dem Individuum, Denken und Verhalten auch über längere Zeitspannen hinweg zu regulieren. Diese Form des Bewusstseins schließt ein Bild von sich selbst ein und nutzt dieses Bild bei der Ausführung willentlicher Handlungen. Parallel dazu hat sich die willentliche Steuerung sowohl der Extremitäten als auch des Stimmtrakts verfeinert.

6.2.2 Das Bewusstsein des Menschen

Merlin Donald nimmt an, dass sich das menschliche Bewusstsein auf der Basis des episodischen Bewusstseins der Primaten Hand in Hand mit der menschlichen Kultur entwickelt hat. „Der

---

[91] Merlin Donald: Triumph des Bewusstseins – Die Evolution des menschlichen Geistes, Kapitel 4, Seite 193-218

menschliche Geist ist [...] ein „Hybridprodukt" aus Biologie und Kultur. Ich möchte betonen, dass ich den Geist selbst und nicht nur bestimmte Erfahrungen meine. Er kann sich nicht aus sich selbst entfalten. Da er mit einem kollektiven Prozess verkettet ist, sind die Quellen, aus denen seine Erfahrung fließt, bereits durch die jeweilige Kultur gefiltert. Die Kernfrage der menschlichen Evolution ist somit, wie Kulturen in die Welt kommen."[92]

Die menschliche Kultur ist seiner Ansicht nach in der verteilten und zusammengeschalteten Aktivität mehrerer Gehirne entstanden.[93] Dazu war es nötig, dass sich das Arbeitsgedächtnis des Gehirns in mehrere Felder unterteilen ließ: Ich und Gegenüber, Vergangenheit und Gegenwart. Die enge Kopplung zwischen Gehirn und Kultur beschleunigte die menschliche Evolution, die sich nach M. Donald in drei entscheidenden Stufen vollzog.

Mit dem Auftreten der ersten Hominiden vor ca. vier Millionen Jahren bildeten sich vier Fähigkeiten aus: Muster von Ganzkörperbewegungen, Gestik, Imitation und Einüben von Fertigkeiten. Die Gruppe hatte im damaligen Umfeld Vorrang vor dem Individuum, so dass ein Gespür für mentale Vorgänge in der Gruppe nützlich war. Die vier Fähigkeiten, M. Donald nennt sie *Mimesis*, basieren auf nonverbalen, zum Teil vieldeutigen Ausdrucksformen wie zum Beispiel Körperhaltung, Gesichtsausdruck und Tonfall. Sie entspringen einer Verfeinerung der bewussten Handlungssteuerung, die es erlaubt, die Wahrnehmung von Ereignissen mit motorischen Abläufen und Handlungen zu verbinden. Die Aufmerksamkeit muss dazu auf das eigene Handeln gerichtet werden.

Vor etwa 500.000 Jahren begann mit dem Homo sapiens auf der Basis der Mimesis die Entwicklung von Medien zur Speicherung kultureller Informationen, insbesondere der Sprache, die laut M. Donald zunächst der Stärkung des Gruppenzusammenhalts dienten. Die Sprache ermöglicht es, Sachverhalte zu klären oder präziser darzustellen als dies mit Mitteln der Mimesis möglich ist. Mit Hilfe der Sprache kann Wissen in einzelnen Gehirnen gespeichert, zum Beispiel in Form von Mythen angehäuft, und mündlich an andere Individuen weitergegeben werden. Dazu mussten

---

[92] Merlin Donald: Triumph des Bewusstseins – Die Evolution des menschlichen Geistes, Prolog, Seite 11
[93] Merlin Donald: Triumph des Bewusstseins, Kapitel 6 und 7, Seite 264 ff

im Gehirn Mechanismen für den Abruf kulturellen Wissens geschaffen werden.

Die dritte umwälzende Veränderung setzte nach Merlin Donald vor ungefähr 40.000 Jahren mit den Symboltechniken ein, insbesondere der Schrift. Bis dahin waren die Menschen bei der Auslagerung des kulturellen Wissens auf die Kapazität ihrer Gehirne angewiesen. Mit Symboltechniken lässt sich der Auslagerungs-Speicher nahezu unbegrenzt erweitern. Sie ermöglichen es, Informationen zu verdichten und zu abstrahieren, um zu neuartigen Erkenntnissen wie z.B. der Mathematik zu gelangen.

6.3 Die Ausprägung des Bewusstseins bei Kindern

Weil sich die menschliche Kultur in einem vergleichsweise kurzen Zeitraum der Evolutionsgeschichte entwickelt hat, ist es äußerst unwahrscheinlich, dass sich die von M. Donald beschriebenen Veränderungen des Bewusstseins, vor allem diejenigen jüngeren Datums, vollständig in den Genen niedergeschlagen haben. Das bedeutet, dass jedes Kind zumindest einige, wenn nicht alle der im vorangegangenen Abschnitt skizzierten Errungenschaften während seiner geistigen Entwicklung erwerben muss.

Um als Erwachsene selbstbestimmt leben zu können, müssen Kinder lernen, sich in ihrem physischen und sozialen Umfeld zurechtzufinden. Die dazu nötigen kognitiven und kommunikativen Fähigkeiten eignen sie sich nicht nur passiv an, sondern sie sind in jeder Situation aktiv in Form psychischer Initiativen beteiligt, wie beispielsweise der Konzentration der geistigen Kräfte auf einen Gegenstand oder der Wahl unter den sich anbietenden Handlungsalternativen. Bei Kleinkindern kann man beobachten, dass derartige Vorgänge sehr anstrengend sein können, z.B. wenn sie das Ergreifen von Gegenständen einüben.

Obwohl Kinder Fähigkeiten und Kenntnisse aktiv erwerben, hängt das Ergebnis der Erziehung, auch *Sozialisation* genannt, stark von den gesellschaftlichen und familiären Strukturen ab, in denen sie aufwachsen. Psychische Fehlentwicklungen in den westlich geprägten Industriegesellschaften, die ihre Ursache häufig in der Kindheit haben, machen deutlich, wie störanfällig der Entwicklungsprozess ist.

In den nachfolgenden Abschnitten werden einige Stationen des Prozesses einzeln beleuchtet.[94] Auch wenn es dabei um sehr unterschiedliche Fähigkeiten geht, so sind sie doch insofern miteinander vernetzt, als die meisten Lernprozesse auf Fähigkeiten aufbauen, die in zeitlich vorangehenden Entwicklungsschritten erworben werden. So überschneidet sich z.B. das Erlernen der Sprache mit anderen Entwicklungsschritten, was wiederum dazu beiträgt, zunehmend differenziertere sprachliche Ausdrucksformen zu entwickeln.

6.3.1 Ausrichten der Aufmerksamkeit

Weil ein Neugeborenes noch nicht mit sprachlichen Inhalten beeinflusst werden kann, stellt sich die Frage, durch welche Faktoren der Prozess der kognitiven Entwicklung initiiert wird. Laut Merlin Donald spielt dabei die Aufmerksamkeit eine wichtige Rolle. „In den ersten Wochen nach der Geburt ist die Aufmerksamkeit weitgehend automatisch gesteuert, mittels angeborener Reflexe; der Säugling spricht jeweils auf den hellsten, fremdartigsten oder lautesten Reiz und auf ganz bestimmte Reize wie etwa ein Gesicht oder ein Gesichtsschema an. Sehr bald beginnt er aber die Welt gezielter zu beobachten und zu erkunden. Er entwickelt Vermutungen zur Struktur der ihn umgebenden Welt und unterzieht sie der Überprüfung. An sich stets wiederholende Ereignisabfolgen gewöhnt er sich sehr rasch; seine Vorliebe für neue Reize und Erfahrungen lenkt die Aufmerksamkeit auf Situationen hin, die eine Fülle von Lerngelegenheiten bieten. In den Interaktionen mit der Außenwelt bilden sich wiederum neue Erwartungen, so dass ein stetiger Kreislauf aus Erfahrungen und sich verändernden Vorstellungen in Gang kommt."[95]

6.3.2 Interaktionen mit anderen Personen

Nach Ansicht des Kinder- und Jugendpsychoanalytikers Daniel Stern verfügen Neugeborene bereits über ein *dialogisches* oder *intersubjektives Selbst*, das angeborene Fähigkeiten zur Kommunikati-

---

[94] Es gibt verschiedene systematische Ansätze zur Beschreibung dieses Prozesses, die aber jeweils nicht alle relevanten Gesichtspunkte in sich vereinen; siehe bspw. die Vorträge von Franz Resch und Gerd Rudolf in H.Markowitsch, F.Resch, G.Rudolf u.a.: Wir denken weniger als wir denken.

[95] Merlin Donald: Triumph des Bewusstseins – Die Evolution des menschlichen Geistes, Kapitel 5, Seite 246

on mit anderen Personen besitzt. Das dialogische Selbst wird nach und nach durch Interaktionen mit Personen des sozialen Umfelds – normalerweise sind das überwiegend die Eltern und Geschwister – geformt. Die ersten derartigen Interaktionen finden in entspannten Situationen statt, in denen insbesondere die Grundbedürfnisse des Säuglings befriedigt sind. Eine wichtige Rolle spielt der Blickkontakt mit der Mutter, den Säuglinge suchen und halten. Dabei können sie in einen Erregungszustand geraten, der es ihnen ermöglicht, sich in den Rhythmus und in die Gefühle der Mutter einzustimmen.[96]

Auch die Körperpsychotherapeutin Marianne Bentzen und der Psychologe Thomas Harms sind der Ansicht, dass die Fähigkeit, sich mittels körperlicher und rhythmischer Einstimmung regulieren zu lassen, besonders wichtig für die Entwicklung Neugeborener ist.[97] Neugeborene besitzen weitere Fähigkeiten: Sie können Freude und Unwohlsein artikulieren, die Aufmerksamkeit ungeteilt auf eine Person richten, gewisse Merkmale in der Mimik Erwachsener spiegeln und eigene Emotionen in der Gesichtsmimik ausdrücken.[98]

Schon wenige Tage nach der Geburt sind Säuglinge in der Lage, einzelne Gesichtsausdrücke zu imitieren, das heißt, die zugrundeliegenden Muster wahrzunehmen und in eigenes Verhalten umzusetzen. Im Alter von ca. drei Monaten beginnen sie zu „spielen", also die Wirkung eigenen Verhaltens auszuprobieren. Dabei muss immer wieder neu „ausgehandelt" werden, wie sich Mutter und Kind aufeinander Einstimmen (*attunement*). Nach Daniel Stern bildet das gegenseitige Einstimmen auch noch im Erwachsenenalter die Basis von Beziehungen, dann jedoch mit einem umfangreicheren Repertoire.[99]

---

[96] Daniel Stern, Thomas Harms, Peter Levine: Frühe Prägungen, DVD 1, Vormittag 2

[97] Wie sich Säuglinge auf diese Weise auch nach belastenden Erfahrungen beruhigen können, demonstriert Thomas Harms in Daniel Stern, Thomas Harms, Peter Levine: Frühe Prägungen, DVD 2.

[98] Peter Levine, Stephen Porges, Marianne Bentzen: Unser Stress mit dem Stress, DVD 2, Workshop Teil 1 nach ca. 1 Stunde und 4 Minuten. Ein Video mit einem Neugeborenen, das seinen Vater mit dem Herausstrecken der Zunge imitiert, findet sich in Peter Levine, Stephen Porges, Marianne Bentzen: Unser Stress mit dem Stress, DVD 2, Teil 1 nach ca. 42 Minuten.

[99] Daniel Stern, Thomas Harms, Peter Levine: Frühe Prägungen, DVD 1, Vormittag 2

6.3.3 Gegenstände der Außenwelt

Bereits während der Entwicklung des Gehirns nimmt der Fötus Sinneseindrücke und Signale aus seinem Körper und aus seiner Umwelt, insbesondere dem Körper der Mutter wahr. Die Unterscheidung, welche Signale aus der Innenwelt und welche aus der Außenwelt kommen, beginnt vielleicht schon im Mutterleib, vielleicht auch erst kurz nach der Geburt.

Objekte der Außenwelt werden meist durch mehrere Sinnesorgane registriert. Nach und nach gelingt es dem Säugling, verschiedene Sinneseindrücke so zu integrieren, dass er Gegenstände wie beispielsweise einen Apfel als Ganzes wahrnehmen kann, um ihn als ein und dieselbe Ursache für verschiedene Sinneseindrücke auszumachen: eine runde Form und grün-rote Farbe, ein fruchtiger Geruch und Festigkeit beim Anfassen.

Diese erste Stufe zur Wahrnehmung von Objekten scheint gegen Ende des ersten Lebensjahrs erreicht zu sein.[100] Danach lernt das Kleinkind, einen Gegenstand nicht nur in der direkten Betrachtung, sondern auch in verschiedenen anderen Situationen, z.B. wenn sich der Gegenstand oder das Kind bewegen, als unveränderlich zu erfahren.

Eine weitere Herausforderung ist das Erlernen des gezielten Greifens nach einem Gegenstand, denn dessen Lage muss mit der eigenen Motorik in Übereinstimmung gebracht werden. Dies erfordert Konzentration, d.h. auf den Gegenstand gerichtete Aufmerksamkeit unter gleichzeitigem Ausblenden der nicht zur Ausführung benötigten Inhalte der Wahrnehmung. Das Ergreifen von Gegenständen gelingt nicht auf Anhieb, sondern es muss über mehrere Monate hinweg eingeübt werden, bis es schließlich automatisiert abläuft.

6.3.4 Raum- und Zeitvorstellung

Sobald ein Kind gelernt hat, Gegenstände anhand ihrer Eigenschaften zu identifizieren, die bei verschiedenen Operationen unverändert bleiben, beginnt es Ende des ersten bzw. Anfang des zweiten Lebensjahres, sich eine Vorstellung des *Raums* zu erarbeiten, denn neben der reinen Wahrnehmung spielen dabei Aktionen des Kindes eine wichtige Rolle. Dazu gehören geistige Aktivitäten wie das Ausrichten der Aufmerksamkeit auf räumliche Sze-

---

[100] Jean Piaget: Einführung in die genetische Erkenntnistheorie, 3. Vorl., Seite 53

narien, sowie vom Kind initiierte Handlungen wie z.B. Veränderungen der Position von Gegenständen.[101]

Im Verlauf mehrerer Jahre wird die Raumvorstellung zunehmend differenzierter. Das Kind lernt insbesondere, welche Veränderungen aufgrund des Wechsels der eigenen Position im Raum zu erwarten sind, dass sich außerhalb seines Gesichtsfelds Veränderungen ergeben können, die es nicht bemerkt, und wie andere Personen einer Szene den Raum wahrnehmen.[102] Letzteres kann in der Kommunikation wichtig sein, weil aus einer anderen Position im Raum nicht immer dieselben Gegenstände und Einzelheiten sichtbar sind.

Die Wahrnehmung von *Zeit* ist eine intellektuelle Konstruktion, die auf zwei unterschiedlichen Aspekten basiert: zum einen der Reihenfolge von Ereignissen, zum anderen der Dauer von Intervallen zwischen zwei Ereignissen. Dazu sind komplexere geistige Operationen nötig als bei der Raumvorstellung.[103] Nach Ansicht von Jean Piaget entwickeln Kinder die Zeitvorstellung durch die mentale Koordination von Gegenständen, die sich mit unterschiedlichen Geschwindigkeiten bewegen.[104] Die Zeitvorstellung eignet sich ein Kind erst deutlich nach der Raumvorstellung an.

Insgesamt resultieren Raum- und Zeitvorstellung aus der Fähigkeit des Erkenntnisapparats, aus wiederkehrenden Mustern der Erfahrung zu lernen. Im Falle des Raumes sind das die Gegenstände der Außenwelt und deren Anordnung, im Falle der Zeit Folgen von erlebten oder erinnerten Ereignissen.

Diese Mechanismen ermöglichen es dem Menschen, sich in der Außenwelt effizient zurechtzufinden. Sie sind so zwingend, dass wir unbewusst annehmen, die Außenwelt sei wirklich so wie sie wahrgenommen wird. In unserem Lebensumfeld passen diese Vorstellungen von Raum und Zeit auch sehr gut. Sie können jedoch nicht auf alle Geschehnisse im Universum angewendet werden, wie Physiker im vergangenen Jahrhundert nachgewiesen haben.

---

[101] Jean Piaget: Einführung in die genetische Erkenntnistheorie, 3. Vorlesung, Seite 53,54

[102] Thomas Kesselring: Jean Piaget, Kapitel III.1., Seite 107-110

[103] Jean Piaget: Einführung in die genetische Erkenntnistheorie, 4. Vorlesung, Seite 86

[104] Jean Piaget: Einführung in die genetische Erkenntnistheorie, 4. Vorlesung, Seite 69-72

6.3.5 Die Ich-Mitte

Wie jeder über die Sinne vermittelte Gegenstand hat auch der eigene Körper seinen Platz im Raum. Er wird sowohl als Teil der Außenwelt, in der er sich bewegt, als auch als Träger der Innenwelt erlebt. „Das kohärente innere Bild vom eigenen Körper ist ein entscheidender Bezugspunkt, den wir für die Berechnung unserer Position im Raum, die Koordination der Geschwindigkeit und Richtung von Bewegungen und insbesondere für die Interpretation und Steuerung des eigenen Handelns heranziehen."[105]

Die in den einzelnen Entwicklungsschritten erlernten Fähigkeiten werden mit innerem Erleben verknüpft. Nach und nach bildet sich ein Kern von Prozessen, den M. Donald als *Ich-Mitte* bezeichnet. „Sämtliche bewussten Erfahrungen gehen in die Ich-Mitte ein, und zwar nicht auf einer abstrakten oder begrifflichen Ebene, sondern in Form von unmittelbaren Wahrnehmungsdaten, von Bausteinen des direkten Erlebens."[106]

6.3.6 Erlernen der Sprache

Die Sprache erfordert die Beherrschung verschiedener Elemente, insbesondere die Steuerung des Sprechapparats, die Beherrschung der Phonetik und der Grammatik sowie mehrerer Ebenen von Bedeutungszusammenhängen. Eigentlich handelt es sich also nicht um eine einzelne Lernschicht, sondern um viele Stufen, die in enger Wechselwirkung insbesondere mit denjenigen Entwicklungsschritten stehen, die in den nachfolgenden Abschnitten beschrieben werden.

Schon früh, vielleicht bereits im Mutterleib, beginnen Kinder, ein mentales Modell der Sprache zu entwickeln. „Sie achten insbesondere auf die akustischen Kontextmerkmale, die sie hören, etwa auf Identitäts- und Emotionsattribute. Sie lernen, das durchschnittliche Intervall zwischen Sprechpausen und die Textur des Sprechstroms zu erfassen. Sie registrieren Abweichungen von dem, was sie zu hören erwarten, und fokussieren die Aufmerksamkeit darauf. Sie kennen die „prosodischen" oder emotionalen

---

[105] Merlin Donald: Triumph des Bewusstseins – Die Evolution des menschlichen Geistes, Kapitel 3, Seite 143

[106] Merlin Donald: Triumph des Bewusstseins – Die Evolution des menschlichen Geistes, Kapitel 3, Seite 143

Sprechmerkmale schon lange, bevor sie den Sinn des Gesagten verstehen."[107]

Jean Piaget kommt aufgrund seiner Experimente mit Kleinkindern zum Schluss, dass ein Grundverständnis gewisser mathematischer Strukturen (bestimmte *algebraische*, *topologische* und *Ordnungs-Strukturen*), die zu den Wurzeln des begrifflichen Denkens gehören, eine wichtige Voraussetzung für den Spracherwerb ist. Zu den algebraischen Strukturen gehören nach J. Piaget allgemeine Konzepte wie Klassifikation und Inklusion. Topologische Strukturen haben mit dem Erkennen von Formen und der Unterscheidung zwischen Innen- und Außenbereichen zu tun. Ordnungsstrukturen finden sich in der Anordnung und beim Vergleichen von Objekten (kleiner als, größer als).[108] Offenbar werden diese Konzepte schon in Verbindung mit anderen Aktivitäten vorgebahnt, denn das Erlernen der Sprache setzt das Verständnis solcher abstrakter Regeln voraus. Das bedeutet nicht, dass ein Kind schon abstrakte Mathematik betreiben kann, sondern dass es in der Lage ist, zunehmend schwierigere grammatikalische Regeln korrekt anzuwenden.[109]

Damit ein Kind sprachliche Aussagen nicht nur verstehen, sondern sich selbst äußern kann, muss es Schritt für Schritt lernen, die einzelnen Komponenten des Sprechapparats zu beherrschen. Die ersten Laute, die der Sprache nahekommen, sind Imitationen von Äußerungen der Erwachsenen. Diese Laute werden wiederholt, bis sie sicher wiedergegeben und von den Erwachsenen erkannt werden können. Sobald die Artikulation gesichert ist, werden Worte benutzt, um Gegenstände zu benennen, danach einfache Sätze geformt. Steht am Beginn des Spracherwerbs noch die Nachahmung von Erwachsenen, so scheint später die Anerkennung seiner Fortschritte im Kind das Bedürfnis zu wecken, sich selbst mitteilen zu wollen.

Mit der Sprache entwickelt sich die Möglichkeit, vielleicht zuerst in spielerischer Form, Zusammenhänge zwischen zunächst anscheinend unabhängigen Gegenständen und Geschehnissen her-

---

[107] Merlin Donald: Triumph des Bewusstseins – Die Evolution des menschlichen Geistes, Kapitel 5, Seite 247

[108] Jean Piaget: Einführung in die genetische Erkenntnistheorie, 2. Vorlesung

[109] Weil die Syntax der Sprache auf derartigen Regeln aufbaut, lässt sie sich auch weitgehend durch formale mathematische Strukturen beschreiben; siehe z.B. Peter Lutzeier: Modelltheorie für Linguisten, Niemeyer, 1. Auflage 1973.

stellen zu können. Im Laufe der Zeit entwickeln sich immer differenziertere Formen bis hin zu Aussagen über Gegenstände und Geschehnisse, die nicht mit der Realität übereinstimmen oder wenig mit der Realität zu tun haben.

6.3.7 Internalisieren gesellschaftlicher Regeln und Normen

Lange bevor ein Kind sprechen kann, registriert es in verschiedenen Situationen das Verhalten anderer Personen, vor allem der Eltern. Wiederkehrende Verhaltensweisen prägen sich ein, auch wenn sich diese Eindrücke nicht unmittelbar auf das Verhalten des Kindes auswirken. Sobald es sprachliche Inhalte versteht, können Verhaltensregeln auch auf verbalem Wege aufgenommen werden. Den weitaus größten Teil der Regeln und Normen dürfte es sich aber ohne bewusstes Zutun aneignen.

Welche der vielen, manchmal widersprüchlichen Regeln, Normen, Vorurteile und Meinungen in der Praxis vom Kind unbedingt beachtet werden müssen, vermitteln die Personen des sozialen Umfelds, die es anhalten, unter bestimmten Bedingungen bestimmte Handlungen auszuführen oder zu unterlassen. Die familiären und gesellschaftlichen Regeln etc. werden internalisiert, so dass das Kind darauf zurückgreifen kann, ohne lange darüber nachdenken zu müssen, welches Verhalten in der jeweiligen Situation angemessen ist.

Dieser Lernschritt ist nicht nur notwendig, um mit seinen Mitmenschen gut auszukommen, sondern um sich in der Gesellschaft zurechtzufinden und später für den eigenen Lebensunterhalt sorgen zu können. Auch Erwachsene müssen sich hin und wieder an für sie neue soziale Regeln anpassen, wenn sie sich im privaten oder im beruflichen Bereich in neue soziale Gruppen integrieren müssen oder wollen. „Das Bewusstsein des Menschen ist zum einen ein spezifisches Anpassungsmerkmal, das uns befähigt, die Turbulenzen der Kultur zu meistern, und zum anderen auch der hauptsächliche Kanal, über den die Kultur ihren prägenden Einfluss auf uns ausübt."[110]

---

[110] Merlin Donald: Triumph des Bewusstseins – Die Evolution des menschlichen Geistes, Kapitel 7, Seite 307

6.3.8 Realisieren von Absichten und Wünschen

Die Denk- und Verhaltensmuster, mit denen sich ein Kind im Laufe der Zeit identifiziert, werden nach Marshall B. Rosenberg unter anderem von den erziehenden Personen in Form von Lob bzw. Tadel oder Strafen vermittelt.[111] Stark emotional geprägte Erfahrungen, die das Kind in wiederkehrenden, gleichartigen Situationen macht, bewirken, dass es lernt, solche Situationen erst gar nicht entstehen zu lassen oder deren negativen Auswirkungen zu vermeiden.

Diese Haltung setzt voraus, eigene Gefühle und Bedürfnisse unterdrücken zu können. „Diese Abwehr von Gefühlen geht mit muskulären Anspannungen einher. [...] Vor allem seelische Verletzungen, die während der frühen Kindheit mit dem Gefühl von Ohnmacht und Hilflosigkeit, Ablehnung und Entwertung einhergehen, werden auf diese Weise sehr nachhaltig «verkörpert».“[112] Durch ständige Wiederholung lernt das Kind mit der Zeit, einen inneren Druck – automatisch und unbewusst – auf sich selbst auszuüben, der es ihm ermöglicht, seine Gefühle oder Bedürfnisse bei Bedarf zu kontrollieren. Es ist dann in der Lage, die von außen herangetragenen Erwartungen weitgehend aus eigenem Antrieb erfüllen zu können.

Der erlernte Mechanismus kann auch dazu genutzt werden, eigene Absichten und Wünsche in die Tat umzusetzen. Das Maß des Anspruchs der Menschen an sich selbst, den sie in ihrer Kindheit internalisiert haben, hat großen Einfluss auf ihre Bereitschaft, sich anzustrengen, um gesellschaftliche wie persönliche Ziele zu verwirklichen.

6.3.9 Kontrolle von Affekten und Emotionen

Ein gewisses Repertoire an Grundstimmungen scheint angeboren zu sein, denn bereits Säuglinge können allgemeine Gefühlslagen wie Freude, Unzufriedenheit, Furcht und Ekel ausdrücken. Während Säuglinge Gefühle noch spontan äußern, lernen Kinder ab dem zweiten Lebensjahr, dass sich eigene Wünsche oder Vorstellungen mit Hilfe bewusst eingesetzter Emotionen, beispiels-

---

[111] Siehe Abschnitt „Empathische Beziehungen" im Kapitel „Erkenntnisse der Psychologie"

[112] Gerald Hüther: Wie Embodiment neurobiologisch erklärt werden kann; in M. Storch, B. Cantieni, G. Hüther, W. Tschacher: Embodiment, Seite 91

weise durch Schreien oder Nörgeln, durchsetzen lassen. Im Laufe der Jahre werden die vom sozialen Umfeld vermittelten sekundären Emotionen wie beispielsweise Gier und Neid eingeübt.

Um die Wirkung seines Verhaltens auf andere Menschen einschätzen zu können, muss ein Kind lernen, sich in andere Menschen hineinzuversetzen und das Wahrgenommene mit dem eigenen Verhalten zu verknüpfen. Insbesondere gehört dazu, Mitgefühl zu entwickeln, denn wer kein Mitgefühl empfinden kann, dem fehlt die Basis für die Rücksichtnahme im Zusammenleben innerhalb der Gemeinschaft.

Beginnend im dritten oder vierten Lebensjahr bemerken Kinder, dass es Vorteile hat, die spontanen Regungen zu kontrollieren, also die eigenen Affekte bzw. Emotionen zurückhalten zu können und nach außen diejenigen Gefühle zu zeigen, die in den jeweiligen Situationen angemessen sind. Diese Lernphase setzt erst richtig ein, wenn die Anzahl der Personen im sozialen Umfeld zunimmt, etwa im Kindergarten oder in der Schule. Vermutlich ist diese Phase nie ganz abgeschlossen, weil es immer wieder Situationen gibt, in denen ein Mensch „die Fassung verliert".

6.4   Zweierlei Erkenntnisvermögen

Die Entwicklung des spezifisch menschlichen Erkenntnisvermögens scheint mit den ersten Hominiden vor vier bis sechs Millionen Jahren begonnen, in vollem Umfang aber wohl erst mit dem Auftreten des Homo Sapiens vor ungefähr 150.000-200.000 Jahren eingesetzt zu haben. Es ist unwahrscheinlich, dass seine vielfältigen Mechanismen in dieser evolutionsgeschichtlich kurzen Zeitspanne ausschließlich genetisch verankert worden sind. Ebenso wenig scheint es eine direkte Folge des Gehirnwachstums zu sein, denn das Großhirn war vor 200.000 Jahren schon nahezu so groß wie heute.

Vielmehr ist anzunehmen, dass es dem Menschen unter kulturellem Einfluss gelingt, das Potential des Gehirns auf eine – vermutlich geringfügig – andere Art und Weise zu erschließen, als es biologisch angelegt ist. Diese andere Art der Nutzung ermöglicht es dem Menschen, sich besser an seine Lebensbedingungen anzupassen, insbesondere an sein gesellschaftliches Umfeld, und analytische Fähigkeiten zu entwickeln.

Ich halte es für sehr wahrscheinlich, dass das von J. Piaget im Zusammenhang mit dem Spracherwerb untersuchte Grundverständnis für mathematische Strukturen und die Grundformen logischen Schließens – die *Kategorien* I. Kants – gemeinsame Wurzeln besitzen. Wenn diese Annahme zutrifft, beantworten die Ergebnisse J. Piagets die im Kapitel „Erkenntnisse der Philosophie" aufgeworfene Frage, ob nämlich die Bedingungen für mögliche Erfahrungen nach I. Kant – also die Anschauungsformen des Raumes und der Zeit sowie die Kategorien – *genetischer* oder *kognitiver* Natur sind: Sie werden im frühen Kindesalter auf der Basis angeborener Mechanismen und Funktionen – etwa in der Art, wie sie K. Lorenz beschreibt – *erworben*.

Aufgrund seiner Untersuchungen zum menschlichen Entscheidungsverhalten schließt der Psychologe Daniel Kahneman, dass der Mensch sowohl über ein weitgehend angeborenes als auch ein individuell erworbenes kognitives Erkenntnisvermögen verfügt.[113] Er fasst die beiden Formen als „mentale Akteure" auf, und bezeichnet sie mit *System 1* bzw. *System 2*.[114] „*System 1* arbeitet automatisch und schnell, weitgehend mühelos und ohne willentliche Steuerung."[115] System 2 benötigt für die Verarbeitung mehr Zeit. „*System 2* lenkt die Aufmerksamkeit auf die anstrengenden mentalen Aktivitäten [...]."[116]

„System 1 wurde von der Evolution so ausgeformt, dass es die Hauptprobleme, die ein Organismus lösen muss, um zu überleben, fortwährend bewertet."[117] „Zu [seinen] Funktionen [...] gehören angeborene Fähigkeiten, die wir mit anderen Tieren gemeinsam haben."[118] „[...] [Es kann] auf Eindrücke von Ereignissen reagieren, die System 2 nicht bewusst registriert hat."[119]

„[...] System 1 ist geschickt darin, eine kohärente kausale Geschichte zu konstruieren, welche die ihm zur Verfügung stehen-

---

[113] Daniel Kahneman: Schnelles Denken, langsames Denken

[114] D. Kahneman betrachtet weder System 1 noch System 2 als System im Sinne der Systemtheorie (siehe Kapitel 1, Seite 43). Sollte jedoch System 2 dem *Ich* entsprechen (siehe Kapitel 1, Seite 43: „Ihr System 2, das mit Bewusstsein begabte Wesen, das Sie »ich« nennen"), kann es m.E. als System aufgefasst werden; siehe Kapitel „Konzepte aus der Perspektive des Systemdenkens".

[115] Daniel Kahneman: Schnelles Denken, langsames Denken, Kapitel 1, Seite 33

[116] Daniel Kahneman: Schnelles Denken, langsames Denken, Kapitel 1, Seite 33

[117] Daniel Kahneman: Schnelles Denken, langsames Denken, Kapitel 8, Seite 118

[118] Daniel Kahneman: Schnelles Denken, langsames Denken, Kapitel 1, Seite 34

[119] Daniel Kahneman: Schnelles Denken, langsames Denken, Kapitel 5, Seite 90

den Wissensfragmente miteinander verknüpft."[120] „[…] [Es] ist nur selten ratlos; es wird nicht durch Kapazitätsgrenzen eingeschränkt, und es ist verschwenderisch in seinen Berechnungen. […] Die heuristischen Antworten sind nicht beliebig, und sie sind oft näherungsweise richtig. Aber manchmal liegen sie ziemlich daneben."[121] „System 1 registriert die kognitive Leichtigkeit, mit der es Informationen verarbeitet, aber es erzeugt kein Warnsignal, wenn es unzuverlässig wird."[122]

„Die Leistungsfähigkeit von System 1 wird […] durch kognitive Verzerrungen beeinträchtigt, systematische Fehler, für die es unter spezifischen Umständen in hohem Maße anfällig ist. [Es] beantwortet […] manchmal Fragen, die leichter sind als jene, die ihm gestellt wurden, und es versteht kaum etwas von Logik und Statistik."[123]

„In System 1 entstehen spontan die Eindrücke und Gefühle, die die Hauptquellen der expliziten Überzeugungen und bewussten Entscheidungen von System 2 sind. Die automatischen Operationen von System 1 erzeugen erstaunlich komplexe Muster von Vorstellungen, aber nur das langsamere System 2 kann in einer geordneten Folge von Schritten Gedanken konstruieren."[124]

„System 2 besitzt die Fähigkeit, die Funktionsweise von System 1 in gewissem Umfang zu verändern, indem es die normalerweise automatischen Funktionen von Aufmerksamkeit und Gedächtnis programmiert."[125] Es ist in der Lage, die natürlichen Impulse von System 1 bis zu einem gewissen Grad zu beeinflussen, um beispielsweise spontane Emotionen mit sozialverträglichem Verhalten in Einklang zu bringen.

„Wenn wir an uns selbst denken, identifizieren wir uns mit System 2, dem bewussten, logisch denkenden Selbst, das Überzeugungen hat, Entscheidungen trifft und sein Denken und Handeln bewusst kontrolliert."[126]

---

[120] Daniel Kahneman: Schnelles Denken, langsames Denken, Kapitel 6, Seite 101
[121] D. Kahneman: Schnelles Denken, langsames Denken, Schlusswort, Seite 515
[122] D. Kahneman: Schnelles Denken, langsames Denken, Schlusswort, Seite 515
[123] Daniel Kahneman: Schnelles Denken, langsames Denken, Kapitel 1, Seite 38
[124] Daniel Kahneman: Schnelles Denken, langsames Denken, Kapitel 1, Seite 33
[125] Daniel Kahneman: Schnelles Denken, langsames Denken, Kapitel 1, Seite 35
[126] Daniel Kahneman: Schnelles Denken, langsames Denken, Kapitel 1, Seite 33

6.5 Ich-Bewusstsein und Kultur

Aufgrund sprachwissenschaftlicher Überlegungen schließt Karl R. Popper, dass wir nicht als *Ich* geboren werden, sondern dass wir lernen, ein *Ich* zu sein.[127] Das *Ich* wird seiner Meinung nach durch soziale Erfahrungen, aber auch mittels aktiver Gestaltung, wie z.B. durch Entwickeln von Vorlieben und individuellen Verhaltensweisen, erworben. „Ich behaupte also, dass nicht nur Wahrnehmung und Sprache – aktiv – erlernt werden müssen, sondern auch noch die Aufgabe eine Person zu sein; und ich behaupte ferner, dass das nicht nur einen engen Kontakt mit der Welt 2 anderer Personen, sondern auch einen engen Kontakt mit der Welt 3 der Sprache und Theorien [...] einschließt."[128]

Ähnliche Aussagen wie bei K.R. Popper finden sich bei Merlin Donald: „Unsere Identität bildet sich somit nach Maßgabe der Kultur heraus und ist weitgehend von kulturell vorgegebenen Vorstellungen beeinflusst."[129] Und weiter: „Die Strukturen, die sich auf der Ebene der Kultur herausbilden, sind nicht nur real, sondern prägen auch unser kognitives Universum, das definiert, was für uns »Realität« ist."[130]

Aus Sicht des Psychoanalytikers Erich Fromm besteht ein enger Zusammenhang zwischen der Kultur und dem persönlichen Unbewussten ihrer Mitglieder. „Wir kommen also zu dem Schluß, daß es sozial bedingt ist, ob etwas bewußt oder unbewußt ist. Ich bin mir all meiner Gefühle und Gedanken bewußt, die den dreifachen Filter der (sozial bedingten) Sprache, der Logik und der Tabus (sozialer Charakter) passieren dürfen. Empfindungen, die nicht durch den Filter gehen, bleiben außerhalb des Bewußtseins; das heißt, sie bleiben unbewußt."[131]

Wie eng Sprache und kulturelle Vorstellungen miteinander verknüpft sind, vermittelt ein Buch des Linguisten Daniel L. Everett, der insgesamt sieben Jahre bei einem Indianervolk im Amazonas-

---

[127] Karl R. Popper, John C. Eccles: Das Ich und sein Gehirn, Teil 1, Kapitel P4, Abschnitt 31.

[128] Karl R. Popper, John C. Eccles: Das Ich und sein Gehirn, Teil 1, Kapitel P4, Abschnitt 31., Seite 147

[129] Merlin Donald: Triumph des Bewusstseins, Kapitel 6, Seite 281

[130] Merlin Donald: Triumph des Bewusstseins, Kapitel 6, Seite 281

[131] Erich Fromm: Psychoanalyse und Zen-Buddhismus, IV Bewusstsein, Verdrängung und Aufhebung der Verdrängung, Seite 134 aus Erich Fromm, Daisetz Teitaro Suzuki, Richard de Martino: Zen-Buddhismus und Psychoanalyse

gebiet gelebt hat, um dessen Sprache zu erlernen.[132] „Die Aussagen der Piraha sind unmittelbar im Augenblick des Sprechens verankert und nicht in irgendeinem anderen Zeitpunkt."[133] „Über Ereignisse, die sie selbst nicht erlebt haben, zum Beispiel Vorgänge in der Vergangenheit oder Zukunft, oder Fantasiegeschichten sprechen die Menschen nicht."[134] Die Piraha kennen keine abstrakten Begriffe wie Zahlen oder Farben. „Abstraktionen aber, die über die Erfahrung hinausgehen, würden das kulturelle Prinzip des unmittelbaren Erlebens verletzen, und deshalb sind sie in der Sprache verboten."[135]

Die Ausprägung des Ich-Bewusstseins hängt demnach nicht nur von der Person, sondern auch vom gesellschaftlichen Umfeld ab, in der eine Person aufwächst. Sofern der kulturelle Einfluss auf die Menschen einer Gesellschaft gleichartig ausgeübt wird, kann man davon ausgehen, dass das Bewusstsein der überwiegenden Anzahl der Personen – von individuellen Unterschieden einmal abgesehen – ähnlich strukturiert ist. Der Begriff *Ich-Bewusstsein* bezeichnet daher in dieser Abhandlung das Bewusstsein von Menschen, die in einer westlich geprägten Industriegesellschaft aufgewachsen sind.

6.6 Die Bedeutung des Ich-Bewusstseins für den Menschen

Nach dem Ausbruch des Supervulkans Toba auf Sumatra vor ca. 74.000 Jahren war die Menschheit vom Aussterben bedroht. Jahrelang war die Erde von einem Staubmantel umgeben, der die Sonne verfinsterte, wodurch die Durchschnittstemperatur weltweit zunächst um durchschnittlich ca. 8–17 Grad Celsius fiel, und anschließend mehrere Jahrzehnte lang 3–5 Grad unter dem vorherigen Niveau lag.[136] Die Auswirkungen auf die Pflanzen und damit auf das Nahrungsangebot der Menschen müssen verheerend gewesen sein. Anhand von Erbgut-Analysen wird geschätzt, dass weltweit nur 1.000 bis 10.000 Individuen des Homo Sapiens

---

[132] Daniel L. Everett: Das glücklichste Volk – Sieben Jahre bei den Piraha-Indianern am Amazonas

[133] Daniel L. Everett: Das glücklichste Volk, Kapitel 7, Seite 200

[134] Daniel L. Everett: Das glücklichste Volk, Kapitel 7, Seite 187

[135] Daniel L. Everett: Das glücklichste Volk, Kapitel 7, Seite 199

[136] Siehe Wikipedia (http://de.wikipedia.org), Stichwort: „Tobasee"

diese Katastrophe überlebten. Nach derartigen Ereignissen dürften diejenigen Individuen im Vorteil gewesen sein, die in umfassenderen Zusammenhängen denken konnten.

6.6.1 Der Nutzen des Ich-Bewusstseins

Der Nutzen des Ich-Bewusstseins besteht vor allem darin, die Inhalte des Denkens, das Empfinden und das Verhalten eines Menschen weitreichend zu integrieren sowie das Denken und Verhalten vieler Menschen aufeinander abzustimmen. Einige Beispiele:

- Das Ich-Bewusstsein schafft Objekte, mit denen Denkoperationen ausgeführt werden können. Eine Person kann sich sogar selbst als Objekt auf der Bühne der Geschehnisse vorstellen. Auf diese Weise können Situationen gedanklich mit verschiedenen Handlungsvarianten durchgespielt werden, um unliebsame Konsequenzen in der Realität zu vermeiden.

- Die Fähigkeit, richtige und falsche Aussagen zu unterscheiden, ermöglicht es, objektive Erkenntnisse wie z.B. naturwissenschaftliche Gesetze zu formulieren. Objektive Erkenntnisse lassen sich mittels einer diskursiven Sprache mit anderen Menschen diskutieren, wodurch das vorhandene Wissen verbessert und verfeinert wird. Auf diese Weise können beliebig viele Gehirne an der Lösung eines Problems beteiligt sein, und Erkenntnisse über Generationen hinweg weitergegeben werden.

- Ohne Ich-Bewusstsein wäre das Leben in Gesellschaften mit komplexen Strukturen nicht denkbar, denn einerseits müssen gesellschaftliche Regeln beachtet und geforderte Pflichten erfüllt werden. Andererseits lassen sich durch vorausschauendes Handeln Vorteile im gesellschaftlichen Wettbewerb erzielen.

6.6.2 Nebeneffekte des Ich-Bewusstseins

Die Schattenseiten des Ich-Bewusstseins erscheinen uns als derart selbstverständlich, dass wir sie meist nicht wahrnehmen und daher nicht als Einschränkung empfinden.

- Wenn sich im sozialen Umfeld eines Menschen einschneidende Änderungen ergeben, passen manchmal die in der Kindheit internalisierten Gewohnheiten und Verhaltensmuster in der neuen Umgebung nicht mehr. Weil sie nicht willentlich verändert werden können, kann es zu Frust, Stress oder sogar zu einer psychischen Erkrankung kommen.

- Viele psychische Störungen hängen offenbar mit dem Lebensumfeld in westlich geprägten Industriegesellschaften zusammen. Es gibt Kulturen, die derartige Erkrankungen nicht kennen. So berichtet Daniel Everett von einem Indianervolk im Amazonasgebiet: „Bei den Piraha gibt es keine Anzeichen für Depressionen, chronische Müdigkeit, extreme Angstzustände, Panikattacken oder andere psychologische Störungen, die in vielen Industriegesellschaften so häufig vorkommen."[137] Offenbar sind diese Fehlentwicklungen eine Folge des Drucks, den wir auf uns selbst ausüben, um die vielfältigen gesellschaftlichen Anforderungen zu erfüllen.

- Welche sozialen Regeln, Verhaltensweisen und Werte in der Kindheit internalisiert werden, unterscheidet sich von Mensch zu Mensch. Da sie dem Bewusstsein normalerweise nicht zugänglich sind, kann ein und dieselbe Situation von zwei Menschen unterschiedlich, unter Umständen sogar konträr, beurteilt werden. Dann kann es zum Konflikt kommen, weil beide Parteien sich „im Recht" fühlen. Nur wenn einer der Beteiligten den Rückzug antritt oder sich bewusst macht, dass auch der Standpunkt der anderen Partei berechtigt ist, kann eine Auseinandersetzung vermieden werden. Entsprechendes gilt nicht nur für einzelne Menschen, sondern für alle Arten gesellschaftlicher Gruppierungen, Kulturen, Nationen etc., die ein einheitliches Bezugssystem entwickelt haben.

Weitere Schattenseiten lassen sich aus Wirkungen der spirituellen Erfahrung ableiten, auf die im abschließenden Kapitel kurz eingegangen wird.

---

[137] Daniel L. Everett: Das glücklichste Volk – Sieben Jahre bei den Piraha-Indianern am Amazonas, Seite 406

7 Konzepte aus der Perspektive des Systemdenkens

Bei näherer Betrachtung von Organismen, sozialen Organisationen und einigen Errungenschaften der Technik, die in ihrem jeweiligen Umfeld eine gewisse Eigendynamik entfalten, hat sich gezeigt, dass diese Objekte trotz ihrer unterschiedlichen Komponenten gleichartige Strukturmerkmale aufweisen. Aus dieser Erkenntnis heraus ist die *Systemtheorie* mit verschiedenen interdisziplinären Ansätzen entstanden, die statische und dynamische Eigenschaften derartiger Objekte – *Systeme* genannt – analysieren.

Beispiele für biologische Systeme sind Lebewesen oder Organe wie das Nervensystem, Beispiele für soziale Systeme die Familien oder das Wirtschaftssystem. Systeme befinden sich in einer Umwelt, die verschiedene Aspekte der Wirklichkeit umfassen kann, im Falle des Menschen beispielsweise nicht nur die physikalischen und biologischen Gegebenheiten, sondern auch das soziale und kulturelle Umfeld.

Die Analyse der Grundstrukturen und Arbeitsweisen komplexer Systeme erfordert einen hohen Grad an Abstraktion bei gleichzeitiger Vernachlässigung vieler Einzelheiten der Realität. Deswegen hängt der Ausschnitt der Wirklichkeit, den ein systemtheoretisches Konzept abbildet, stark vom Blickwinkel ab, den der Analysierende einnimmt.

Nicht alle der nachfolgend vorgestellten Beiträge aus der Philosophie, den Sozialwissenschaften, der Psychologie und den Wirtschaftswissenschaften können der Systemtheorie zugeordnet werden. Aber alle Konzepte beleuchten Aspekte des Ich-Bewusstseins unter Verwendung der Begrifflichkeit der Systemtheorie.

7.1 Grundstrukturen des Ich-Bewusstseins

Wie in den Kapiteln über die Erkenntnisse der Philosophie und der Kognitionswissenschaften erläutert, nehmen wir Objekte und Strukturen der Außen- und der Innenwelt nicht so wahr, wie sie wirklich sind, sondern in Form von Abbildern oder Modellen, wie sie von unserem Erkenntnisapparat erzeugt werden.

Beim gezielten ebenso wie beim unabsichtlichen Lernen werden nach und nach wiederkehrende Muster in den Inhalten der Erfahrung als sogenannte *Repräsentationen* dauerhaft im menschlichen Geist hinterlegt, beginnend mit physischen Objekten bis hin zur Vorstellung eines Ich. Die höheren Schichten interner Repräsentationen[138] können erst dann aufgebaut werden, wenn die tieferliegenden Schichten gefestigt sind und zuverlässig arbeiten. Außerdem müssen die im jeweiligen Entwicklungsstadium neu entstehenden Repräsentationen eng mit den bereits zuvor angelegten Modellen vernetzt werden, damit Bewusstseinsinhalte zusammenhängend und konsistent erscheinen.

Der Philosoph Thomas Metzinger hat sich mit der Frage auseinandergesetzt, wie ein Modell bzw. System beschaffen sein muss, damit es Eigenschaften aufweist, die wir dem Bewusstsein eines Erwachsenen zuschreiben.[139]

7.1.1   Das Selbstmodell

Nach seinen Überlegungen gibt es eine besonders ausgezeichnete Menge von Repräsentationen, das *Selbstmodell* des Subjekts, das eine direkte und kontinuierliche Verbindung zum eigenen Körper besitzt. Als Quelle der ständig einfließenden Körpersignale kommen verschiedene Bereiche in Frage, beispielsweise Areale des Gehirns, die Körperfunktionen wie Atem und Herzschlag regulieren. Das Selbstmodell besteht aus einem räumlichen *Körpermodell* und einem nicht-räumlichen *kognitiven Selbstmodell*, das abstrakte Verarbeitungsvorgänge zeitlich ordnet. Zu ähnlichen Schlussfolgerungen gelangt Merlin Donald. Er spricht von einem *Selbst-System*, das die *Ich-Mitte* und ein *Körperselbst* einschließt.[140]

Das Selbstmodell kann man sich als ständig aktiven Prozess vorstellen. Es handelt sich um einen „selbstgerichteten Vorgang, in dem ein System einen Teil seiner globalen Eigenschaften überwacht und für sich selbst noch einmal in einem integrierten, dynamischen Format darstellt."[141] Die darin enthaltenen globalen Informationen sind für alle Verarbeitungen, beispielsweise die Steuerung der Aufmerksamkeit und die Handlungskontrolle, ver-

---

[138] Auf welchen Mechanismen Repräsentationen basieren, wird im Kapitel „Erkenntnisse der Gehirnforschung" erläutert.

[139] Thomas Metzinger: Philosophie des Bewusstseins, 15 Vorlesungen auf DVD, Vorlesungen 12-14

[140] M. Donald: Triumph des Bewusstseins, Kapitel 4, Seite 208

[141] Thomas Metzinger: Philosophie des Bewusstseins, 15 Vorlesungen auf DVD, Vorlesung 12 (nach 2 Std., 9 Min.)

fügbar. Es ist eingebettet in die höchststufige integrierte Struktur: in das globale Modell der Welt.

Ein Selbstmodell hat sowohl bewusste als auch unbewusste Inhalte, aber nicht notwendigerweise ein Bewusstsein seiner selbst. Das *Ich-Gefühl*, das *phänomenale Selbst*[142] entsteht nach Ansicht von Thomas Metzinger in einem bewussten System bzw. Subjekt genau dann, wenn es das Selbstmodell nicht als Repräsentation erkennen kann, und sich stattdessen als in direktem Kontakt mit seinem Inhalt, also mit sich selbst erlebt.[143]

Ein Grund, weshalb wir nicht wahrnehmen, dass wir es mit einem Modell zu tun haben, scheint darin zu liegen, dass der Konstruktionsprozess der Repräsentationen in sehr kurzen Zeitspannen abläuft. In der Evolution hat es offenbar keinen Selektionsdruck gegeben, der bewirkt hätte, dass das Modell als solches von seinem Inhalt unterschieden werden muss.

Das *phänomenale Selbstmodell* lässt sich als integriertes, inneres Bild auffassen, das ein System von sich selbst als einem Ganzen besitzen kann, und dessen dynamischer Inhalt der Inhalt des bewussten Selbst ist.

7.1.2 Intentionen und Beziehungen

Das phänomenale Selbstmodell ist die zentrale notwendige Bedingung der Möglichkeit zu objektiver Erkenntnis. Nur wenn seine Inhalte kohärent sind, kann das übergreifende System andere Inhalte als Nicht-Selbst – als Objekt – registrieren. Dann können auch Beziehungen zwischen Subjekt und Objekt bewusst repräsentiert werden. Eine phänomenal erlebte Erste-Person-Perspektive, also eine subjektive Innenperspektive entsteht genau dann, wenn auch die Erkenntnis- und Handlungs-Intentionen des Subjekts im bewussten Modell der Welt auftauchen, so dass es sich als auf entsprechende Ziele gerichtetes Selbst erlebt.[144]

---

[142] Der Begriff *phänomenales Selbst* entspricht meiner Ansicht nach dem hier verwendeten Begriff *Ich*.

[143] Thomas Metzinger hat tiefschürfender analysiert, wie ein seiner selbst bewusstes Ich bzw. Selbst strukturiert sein muss, als hier ausgeführt. Die hier vertretene Auffassung vom Ich korrespondiert eher mit seiner Vorstellung einer *schwächeren Version des Selbst*; siehe Thomas Metzinger: Der EGO Tunnel, Kapitel 8, Seite 290.

[144] Siehe Thomas Metzinger: Eine lange deutsche Zusammenfassung von *Being No One*, Kapitel 1, Seite 425-431. Ein phänomenales Selbstmodell, so wie es im menschlichen Bewusstsein erlebt wird, besitzt noch weitere Eigenschaften; siehe Thomas Metzinger: Der EGO Tunnel.

Eine vergleichbare Auffassung vertritt Merlin Donald: „Die Erstellung kohärenter Pläne von willentlichen Handlungen wäre nicht möglich ohne [...] einen virtuellen Raum, in dem der Handelnde in der Vorstellung jede Handlung gezielt überprüfen und modifizieren kann. Dieses Kartierungssystem ist eine Art »Über-Modell«, ein Abbild der eigenen Person in ihrem Umfeld, das an die motorischen Systeme angeschlossen ist und die Macht hat, Reflexe tieferer Ebenen außer Kraft zu setzen."[145]

Die zusätzliche Schicht, in der neben Repräsentationen von Objekten und anderen Subjekten gleichzeitig die zugehörigen Erkenntnis- und Handlungs-Intentionen des Selbst und seine Beziehung zu Objekten bzw. Subjekten (sogenannte *Intentionalitätsrelationen*) repräsentiert werden, nennt Thomas Metzinger *phänomenales Modell der Intentionalitätsrelation*.

Wegen seiner allgemeinen Konstruktion kann sich ein Modell der Intentionalitätsrelation (2. Ordnung) auf ein entsprechendes Modell (1. Ordnung) – entweder des Subjekts selbst oder dasjenige anderer Subjekte – beziehen. Durch diese hierarchische Organisation lassen sich weitere Eigenschaften wie reflexives Selbstbewusstsein und Einfühlungsvermögen (*Empathie*) erklären.

Entscheidend für das überproportionale Wachstum des Großhirns im Laufe der Evolution ist nach den Überlegungen von Robin Dunbar, sich in andere Personen einfühlen zu können, insbesondere was eine Person über sich sowie über andere Personen denkt und empfindet. In der Begrifflichkeit des Modells der Intentionalitätsrelation formuliert, müssen mindestens Modelle 2. Ordnung repräsentiert werden können. R. Dunbar ist der Meinung, dass die Menschen oft Modelle 4. Ordnung[146] benötigen, und dass nur wenige Menschen in der Lage sind, Modelle 6. Ordnung zu verarbeiten. Man kann sich vorstellen, dass es aufwendig ist, viele Modelle der Intentionalitätsrelation, wie sie für die Beziehungen innerhalb einer größeren Gruppe nötig sind, in der nötigen Tiefe aufzubauen und konsistent zu halten.

Wenn die Thesen von Robin Dunbar zutreffen, dürften auch andere Primaten als der Mensch Modelle der Intentionalitätsrelation entwickeln. Deren Erkenntnis- und Handlungs-Intentionen

---

[145] M. Donald: Triumph des Bewusstseins – Die Evolution des menschlichen Geistes, Kapitel 6, Seite 275

[146] Beispiel von R. Dunbar: Ein Schriftsteller möchte, dass der Leser glaubt, dass Person A denkt, dass Person B etwas zu tun beabsichtigt.

74

wären dann mit einem Selbst verknüpft, das kein phänomenales Selbst im menschlichen Sinne ist.

7.2 Soziale Systeme und Bewusstseinssysteme

Der Rechts- und Sozialwissenschaftler Niklas Luhmann analysiert das gesellschaftliche Geschehen aus der Perspektive der Systemtheorie. Neben *sozialen Systemen* fließen in seine Überlegungen auch *biologische* und *psychische Systeme* ein, weil soziale Systeme psychische Systeme und psychische Systeme wiederum biologische Systeme voraussetzen.

Psychische Systeme sind nach N. Luhmann die Träger sozialer Systeme. An einem sozialen System ist ein Mensch nur insoweit beteiligt, als er in Beziehung zu den anderen psychischen Systemen innerhalb des sozialen Systems steht.[147] Das bedeutet meinem Verständnis nach, dass ein psychisches System weitgehend durch die Rolle repräsentiert wird, die ein Mensch im jeweiligen sozialen System einnimmt. Da ein Mensch Teil mehrerer oder gar vieler sozialer Systeme ist, prägt er nach dieser Betrachtungsweise mehrere psychische Systeme aus.

Psychische Systeme bauen auf Mechanismen des menschlichen Bewusstseins auf, das ebenfalls als System aufgefasst werden kann, von N. Luhmann *Bewusstseinssystem*[148] genannt. Bewusstseins- und soziale Systeme besitzen gleichartige Strukturmerkmale: Sie sind sogenannte *selbstreferentielle Systeme*. Außerdem bedingen sie sich gegenseitig: ohne menschliches Bewusstsein gäbe es keine sozialen Systeme im Sinne von Niklas Luhmann, und ohne soziale Systeme keine Bewusstseinssysteme.

Die nachfolgende Zusammenfassung[149] geht vor allem auf den Aufbau und die Operationsweise des Bewusstseinssystems sowie gewisse Verbindungen zu sozialen Systemen ein. Die Frage, wie solche Systeme überhaupt entstehen, steht dabei nicht im Mittelpunkt.

---

[147] Martin Bökmann: Systemtheoretische Grundlagen der Psychosomatik und Psychotherapie, Kapitel 3, Seite 61

[148] Dieser Begriff dürfte weitgehend dem in der vorliegenden Abhandlung benutzten Begriff Ich-Bewusstsein entsprechen.

[149] Die Beschreibung orientiert sich überwiegend am Buch des Arztes und Soziologen Martin Bökmann: Systemtheoretische Grundlagen der Psychosomatik und Psychotherapie.

7.2.1 Allgemeine Eigenschaften von Systemen

Systeme sind in der Lage, in einer sich verändernden Umwelt für eine gewisse Zeit zu überdauern, indem sie ein inneres, dynamisches Gleichgewicht aufrechterhalten, und Komponenten, die zum System gehören von solchen abgrenzen, die nicht dazu gehören. „Jedes System hat seine eigene Umwelt. […] Die Umwelt hat keine Grenzen. Was zur Umwelt gehört, bestimmt das System selbst, aber die Umwelt hängt nicht vom System ab."[150] N. Luhmann sieht ihre Existenz darin begründet, „[…] dass Systeme der Reduktion von Komplexität dienen, und zwar durch Stabilisierung einer Innen-/Außen-Differenz."[151]

Das innere Gleichgewicht bezieht sich auf *Elemente*, die in Beziehungen (*Relationen*) zueinander stehen. „Was ein Element ist, bestimmt das System selbst. Das System konstituiert seine Elemente für seine Operationen und für seine Relationierungserfordernisse. Elemente sind daher für Systeme nicht weiter auflösbare Einheiten."[152]

Systeme können mehrere oder gar viele Sub- oder Teilsysteme enthalten, die ihrerseits Systeme innerhalb der Umwelt darstellen, die das jeweils übergeordnete System bietet. Ihr Aufbau kann daher nach zwei Gesichtspunkten analysiert werden: zum einen bezüglich der rekursiv ineinander verschachtelten Subsysteme, zum anderen bezüglich der Zerlegung in Komponenten, insbesondere die Elemente der Subsysteme. Beispielsweise setzt sich der menschliche Körper einerseits aus verschiedenen Subsystemen wie Organen, Geweben und Zellen zusammen, andererseits aus Materialien wie organischen Verbindungen, Wasser etc..

7.2.2 Autopoiese

Ein System wird *autopoietisch* genannt, wenn es seine Elemente selbst reproduziert. Einen einzelnen Reproduktionsschritt bezeichnet N. Luhmann als *Operation*. In autopoietischen Systemen *schließen* ständig Operationen aneinander *an*. Solange dieser Prozess aufrechterhalten werden kann, *überleben* sie in ihrer Umwelt.

---

[150] M. Bökmann: Systemtheoretische Grundlagen der Psychosomatik und Psychotherapie, Kapitel 2, Seite 44

[151] J. Habermas, N. Luhmann: Theorie der Gesellschaft oder Sozialtechnologie, Moderne Systemtheorien als Form gesamtgesellschaftlicher Analyse, Seite 11

[152] M. Bökmann: Systemtheoretische Grundlagen der Psychosomatik und Psychotherapie, Kapitel 2, Seite 45

Autopoietische Systeme sind bezüglich der Umwelt *geschlossen*, das heißt, dass „[…] ihre Operationsweise von ihnen selbst durchgeführt wird und gerade nicht von außen gesteuert werden kann, außer durch Zerstörung."[153] Der Begriff der Geschlossenheit autopoietischer Systeme bezieht sich ausschließlich auf die Operationsweise, also insbesondere nicht auf die Zusammensetzung aus Komponenten. Beispielsweise besitzen Organismen einen Stoffwechsel, der nicht geschlossen ist, weil er Materialien aus der Umwelt verarbeitet, und Abbauprodukte wieder an die Umwelt abgibt.

7.2.3 Beobachtung und Unterscheidung

Der Vorgang des *Beobachtens* ist nach N. Luhmann verknüpft mit dem Unterscheiden zweier Seiten eines Sachverhalts. Die *Unterscheidung* wird im Moment des Beobachtens nicht reflektiert. Dies kann jedoch durch eine zweite Beobachtung geschehen, die von einem anderen oder vom selben Beobachter – dann *Selbstbeobachtung* genannt – vorgenommen wird. „Die Beobachtung beobachtet nur. Die Beobachtung kann auch nicht zwischen wahr und unwahr unterscheiden. Erst eine weitere Beobachtung strukturiert nach wahr und unwahr."[154] Gemeinsamkeiten mit diesem Konzept sieht N. Luhmann in gewissen Passagen der Schöpfungsgeschichte der Bibel.[155]

Die Unterscheidung ist in gewissem Sinne paradox, weil sie als einzelne Beobachtung eine Einheit darstellt, während am Ende eine Teilung, eine Zweiheit steht. „Obwohl beide Seiten [einer Unterscheidung] gleichzeitig vorhanden sind, kann man nicht auf beiden Seiten zugleich anschließen, sondern muss sich entscheiden. Hat man sich für eine Seite festgelegt […], so erfordert das Überschreiten der Grenze (»crossing«) Zeit […]. So entsteht eine Vorher-/Nachher-Differenz. Zeit ist das Schema, mit dem die Paradoxie des unterscheidenden Bezeichnens entparadoxiert wer-

---

[153] M. Bökmann: Systemtheoretische Grundlagen der Psychosomatik und Psychotherapie, Kapitel 2, Seite 41

[154] M. Bökmann: Systemtheoretische Grundlagen der Psychosomatik und Psychotherapie, Kapitel 1, Seite 24

[155] Siehe Wikipedia (http://de.wikipedia.org), Stichwort: „Differenz (Systemtheorie)". In der Schöpfungsgeschichte heißt es unter anderem (1. Buch Mose Kapitel 3, Vers 5), dass „[…] an dem Tage, an dem ihr davon [Früchte des Baumes der Erkenntnis] esset, euch die Augen aufgehen und ihr sein werdet wie Götter, die Gutes und Böses erkennen."

den kann. Das Paradox wird in kleine Schritte zerlegt. Erst die eine Seite, dann die andere Seite."[156]

Beobachtende Systeme, die Relationen mittels Beobachtungen herstellen, werden *selbstreferentielle Systeme* genannt. „Werden Beobachtungen miteinander rekursiv verknüpft, so dass ein System von Beobachtungen entsteht, werden in diesem System Beobachtungen möglich, die dieses System von der Umwelt unterscheiden. [...] [In den] Unterscheidungen, die die Unterscheidung von System und Umwelt durchführen, [...] kann sich das System mit seinen rekursiven Beobachtungen [...] auf sich selbst beziehen und so interne Anschlussfähigkeit gewinnen."[157] Selbstreferentielle Systeme sind daher auch autopoietisch.

7.2.4 Komplexitätsbewältigung und Informationsaustausch mit der Umwelt

Ein System ist *komplex*, wenn es ihm nicht gelingt, zu jeder Zeit jedes Element mit jedem anderen Element zu verknüpfen. Dann muss es wählen, welche Relationen es herstellt. Eine Wahl schließt das Risiko ein, dass die gewählten Beziehungen für andere Situationen nicht passen. Weil die Umwelt immer komplexer ist als das System, treten solche Situationen immer wieder auf. Daher benötigt es Mechanismen, die dieses Risiko minimieren.

„Das System entwickelt unterschiedliche Strategien zur Komplexitätsreduktion. Es ist eine systemeigene Leistung, hier konsequent Umweltereignisse auszuwählen, die als Information im System zugelassen werden. Die Wahl verleiht dem System Identität."[158] Durch geeignete Auswahlverfahren werden Beziehungen zwischen den Relationen des Systems hergestellt, die durch Wiederholung als *Strukturen* des Systems eine dauerhafte Form annehmen können. „Die Konsequenz für die Strukturbildung des Systems besteht darin, dass es nur solche Strukturen und nur solche Strukturänderungen zulassen kann, die anschlussfähige Elemente reproduzieren."[159]

---

[156] M. Bökmann: Systemtheoretische Grundlagen der Psychosomatik und Psychotherapie, Kapitel 1, Seite 25

[157] M. Bökmann: Systemtheoretische Grundlagen der Psychosomatik und Psychotherapie, Kapitel 1, Seite 22

[158] M. Bökmann: Systemtheoretische Grundlagen der Psychosomatik und Psychotherapie, Kapitel 2, Seite 47

[159] M. Bökmann: Systemtheoretische Grundlagen der ..., Kapitel 2, Seite 52

Weil selbstreferentielle Systeme als autopoietische Systeme in ihrer Operationsweise geschlossen sind, beziehen sich unterscheidende Beobachtungen nur auf Elemente und Relationen *innerhalb* des Systems. Daher stellt sich die Frage, auf welche Weise Informationen über Veränderungen in der Umwelt überhaupt in selbstreferentielle Systeme gelangen können.

„Komplexitätsreduktion führt [...] zu einem Mangel an Information und dadurch zu Unbestimmtheiten des Systems. Es kann weder die Umwelt noch sich selbst vollständig erfassen, muss aber auf das, was auf seiner Bildfläche erscheint, reagieren. [...] Es bildet eigene Regeln zur Verknüpfung künftiger und vergangener Ereignisse in Bezug auf sich selbst und die Umwelt."[160] Diese Strukturen, die aufgrund gleichartiger *Erfahrungen* entstehen, können als *Erwartungen* des Systems bezüglich seiner Umwelt betrachtet werden. Diese können durch Störungen, die Ereignisse in der Umwelt auslösen, bestätigt oder widerlegt werden.

N. Luhmann bezeichnet diesen Mechanismus als *strukturelle Kopplung*. „An der Systeminnenseite der strukturell gekoppelten Systeme treten Irritationen [...] oder Störungen auf. Sie entstehen aus dem internen Vergleich der Ereignisse mit den Erwartungen des Systems. Umwelteinwirkungen transportieren keine Irritation, sondern Irritation ist eine systeminterne Leistung. Findet das System die Ursache seiner Irritation, kann es lernen, sie einzuordnen, sie zu verstehen oder mit ihr umzugehen, andernfalls rechnet es die Irritation der Umwelt zu und versucht, sie auszuschalten oder als Zufall hinzunehmen."[161]

7.2.5 Die Operationsweise sozialer Systeme

Die Elemente eines sozialen Systems sind einfache *Kommunikationen* im weitesten Sinne, mittels Sprache, Mimik, Aktion etc.. Es wird daher auch *Kommunikationssystem* genannt. Die Basiseinheit einer Kommunikation besteht aus mindestens zwei psychischen Systemen, einer *Information*, einer *Mitteilung* und *Verstehen*. „Das Kommunikationsereignis soll als abgeschlossen gelten, wenn der Adressat den Kommunikationsinhalt [...] verstanden hat."[162]

---

[160] M. Bökmann: Systemtheoretische Grundlagen der Psychosomatik und Psychotherapie, Kapitel 2, Seite 48

[161] M. Bökmann: Systemtheoretische Grundlagen der Psychosomatik und Psychotherapie, Kapitel 5, Seite 113

[162] M. Bökmann: Systemtheoretische Grundlagen der ..., Kapitel 3, Seite 66

An Kommunikationen müssen weitere Kommunikationen anschließen können, sonst zerfällt das soziale System. Dazu „müssen die Teilnehmer zumindest ähnliche Kommunikationen und Handlungen konstituieren. Das impliziert, dass sie damit auch nur bestimmte Strukturen zulassen können. [...] Werden nun Strukturen gebildet, sind nicht mehr alle Kommunikationen als systemzugehörig qualifiziert, sondern nur solche, die ein bestimmtes System reproduzieren. Unsicherheiten können so durch Freiheitsabstriche mittels Strukturbildung reduziert werden"[163]

Derartige Strukturen sind Erwartungshaltungen wie beispielsweise Interessen, Ansprüche, Bedürfnisse, die sich in vergangenen Kommunikationen herausgebildet und bewährt haben. Unterscheidungen, die ein soziales System mit Hilfe seiner Strukturen bildet, folgen in ihrer einfachsten Form dem Schema: Erfüllung oder Enttäuschung einer Erwartung.

7.2.6 Die Operationsweise des Bewusstseinssystems

Die Elemente des Bewusstseinssystems sind *Gedanken*.[164] „Der Begriff Gedanken erfasst alle Gedanken, die kommen und gehen, die sich beim Dösen oder der intellektuellen Anstrengung einstellen. [...] Die Gedanken transformieren sich von einem Gedanken zum nächsten. Dieses stellt die grundlegende Operation des Systems dar."[165] Ständig werden neue Elemente produziert, indem sich neue Gedanken an frühere Gedanken anschließen. Relationen zwischen den Elementen, den Gedanken, entstehen dadurch, dass sich Gedanken mittels Beobachten und Unterscheiden auf andere Gedanken beziehen. Die jeweils beobachteten Gedanken werden auch *Vorstellungen* genannt.

Weil sich Bewusstseinssysteme mittels Gedanken auf sich selbst beziehen können, handelt es sich um selbstreferentielle Systeme. Selbstreferentielle Systeme bilden durch Wiederholung Strukturen aus Beziehungen zwischen Relationen, die sich als Spuren zurückliegender Unterscheidungen, die vom System selbst vorgenom-

---

[163] M. Bökmann: Systemtheoretische Grundlagen der Psychosomatik und Psychotherapie, Kapitel 3, Seite 69

[164] Meinem Verständnis nach sind Gedanken im Sinne von N. Luhmann als kognitive Inhalte mit anderen Inhalten des inneren Erlebens, insbesondere mit Emotionen verknüpft; siehe Kapitel „Erkenntnisse der Gehirnforschung".

[165] M. Bökmann: Systemtheoretische Grundlagen der Psychosomatik und Psychotherapie, Kapitel 4, Seite 81,82

men worden sind, verfestigt haben. Weil das Bewusstseinssystem als vereinfachtes Modell des Ich-Bewusstseins aufgefasst werden kann, entsprechen diese Strukturen den anfangs des Kapitels erläuterten Repräsentationen.

Einzelheiten, die in Ereignissen nur sporadisch auftreten, werden *vergessen*. Häufig wiederholte Einzelheiten werden dagegen bei Bedarf *erinnert*. Beobachtung und Erinnerung finden immer in der Gegenwart statt. „Gedächtnis bezeichnet eine immer nur gegenwärtig benutzte Funktion, die alle Operationen des Systems hinsichtlich ihrer Vereinbarkeit mit der vom System konstruierten Realität prüft."[166] Was erinnert wird, wird der Vergangenheit zugeordnet, während gleichzeitig die aufgrund der vergangenen Erfahrungen kondensierten Strukturen prognostizieren, was sich in der Zukunft ereignen wird. Auf diese Weise werden Vorstellungen über die Vergangenheit mit Vorstellungen über die Zukunft verknüpft.

Ohne *Gedächtnis* gäbe es kein begriffliches Denken, weil an Begriffe angeschlossen wird, die erst erlernt werden müssen. „Die Operation besteht im bezeichnenden Unterscheiden durch Beobachten und begründet Kognition. Kognition ist aber erst dann hinreichend definiert, wenn die Fähigkeit zu erinnern und zu vergessen entwickelt wurde. Kognition ist dann die Fähigkeit, an erinnerte Operationen neue anzuschließen."[167]

7.2.7 Die Ich-Vorstellung

Nach M. Bökmann und N. Luhmann entwickelt sich die Vorstellung eines Ich in der Folge vieler aufeinanderfolgender Gedanken. „Es [das Bewusstsein] beobachtet sich mit Gedanken und macht sich selbst zur Vorstellung. [...] Ein Gedanke des Bewusstseins beobachtet das Bewusstsein dann entweder als sein Gegenüber (Fremdreferenz) oder als sich selbst (Selbstreferenz)."[168] „[...] Grundsätzlich kann sowohl an der Selbstreferenz als auch an der Fremdreferenz angeschlossen werden. [...] Weitere Gedanken können an der Fremdreferenz ansetzen und eine

---

[166] M. Bökmann: Systemtheoretische Grundlagen der Psychosomatik und Psychotherapie, Kapitel 8, Seite 173

[167] M. Bökmann: Systemtheoretische Grundlagen der Psychosomatik und Psychotherapie, Kapitel 8, Seite 178

[168] M. Bökmann: Systemtheoretische Grundlagen der Psychosomatik und Psychotherapie, Kapitel 4, Seite 92

Vorstellung der Welt aufbauen, oder weitere Gedanken können an der Selbstreferenz ansetzen und ein Selbst aufbauen."[169] „In dem Maße, wie die Vorstellungen durch Wiederholung zu Strukturen kondensieren, wird die Selbstreferenz als »Ich« gewisser und die Fremdreferenz als »Welt«."[170]

Aus diesen Überlegungen folgt unter anderem, dass die Grenze zwischen Ich und Nicht-Ich nie ganz scharf gezogen ist. Sie verändert sich unmerklich, weil ja ständig Unterscheidungen zwischen Ich und Nicht-Ich getroffen werden, die sich im Laufe der Zeit als Strukturen verfestigen. Dieser Effekt lässt sich nicht vollständig vermeiden, weil man sich mit Meinungen nicht nur mittels bewusster Gedanken, sondern auch unbewusst identifiziert.

Die Voraussetzung dafür, dass sich ein Bewusstseinssystem *als sich seiner selbst bewusst* bezeichnen kann, ist laut N. Luhmann die *Sozialisation*, also die Eingliederung eines Kindes in die Gesellschaft, an der verschiedene soziale Systeme, insbesondere die Familie beteiligt sind. „Die Koevolution von Kommunikationssystem und Bewusstseinssystem ließ erst die Differenzierungsfähigkeit aufkommen, die das Bewusstsein sich selbst als Bewusstsein erscheinen ließ."[171] „Das Bewusstsein verfügt über Eigenbezeichnungen und Unterscheidungsleistungen durch seine Kenntnis der Außenseite, der Kommunikation. Wendet es nun diese Unterscheidungen auf sich an, wird es sich selbst bewusst. [...] Bewusstsein ist so gesehen die interne Imagination der Außenseite."[172]

7.3 Die Ausprägung der Persönlichkeit

In den vorangegangenen Abschnitten wurde unter verschiedenen Blickwinkeln betrachtet, wie sich die Erkenntnisfunktionen und das Ich ausprägen.[173] Obwohl es sich um recht unterschiedliche Fähigkeiten handelt, wurde die These vertreten, dass sie je-

---

[169] M. Bökmann: Systemtheoretische Grundlagen der Psychosomatik und Psychotherapie, Kapitel 4, Seite 87,88

[170] M. Bökmann: Systemtheoretische Grundlagen der Psychosomatik und Psychotherapie, Kapitel 4, Seite 95

[171] M. Bökmann: Systemtheoretische Grundlagen der Psychosomatik und Psychotherapie, Kapitel 4, Seite 107

[172] M. Bökmann: Systemtheoretische Grundlagen der Psychosomatik und Psychotherapie, Kapitel 4, Seite 102

[173] Siehe insbesondere Kapitel „Erkenntnisse der Kognitionswissenschaften"

weils durch viele gleichartige Erfahrungen entstehen, wobei sich Strukturen im menschlichen Geist bilden, die diese Fähigkeiten repräsentieren. Wie fügt sich in diesen Denkansatz ein, dass die Menschen ganz unterschiedliche Charaktere bzw. Persönlichkeiten haben?

Anhaltspunkte zur Klärung dieser Frage liefern psychische Störungen, die auf Fehlentwicklungen bei der Ausprägung der Persönlichkeit zurückzuführen sind, denn die Analyse der unterschiedlichen Arten von Fehlentwicklungen lässt Rückschlüsse auf *normale* Persönlichkeiten zu. Aufgrund der Erfahrungen mit vielen Patienten hat der Psychoanalytiker Otto Friedmann Kernberg Konzepte entwickelt, wie sich die Teilstrukturen des Ich im Laufe der frühkindlichen Entwicklung ausprägen.[174] Dazu nutzt er die Begrifflichkeit Sigmund Freuds, insbesondere die Begriffe des *Über-Ich*, des *Ich* im engeren Sinne[175], sowie des *Es*.

Ausgangspunkte bei der Ausprägung entsprechender Strukturen sind Situationen, in denen ein Kind mit anderen Personen, insbesondere mit der Mutter und dem Vater, interagiert. Diese sogenannten *Objektbeziehungen* sind mit Affekten verknüpft. Unter *Affekten* versteht Otto F. Kernberg angeborene körperliche und einfache psychische Reaktionen auf bestimmte Auslöser. Evolutionsgeschichtlich betrachtet dienen sie dem Überleben der Art, bei Säugetieren insbesondere der Kommunikation innerhalb der Gruppe. Affekte drücken sich unter anderem körperlich aus, z.B. in Form eines ängstlichen Gesichtsausdrucks. Diese Reaktionen können von anderen Individuen interpretiert werden, denn auch die Mechanismen zur Wahrnehmung von Affekten sind angeboren.

Affekte lassen sich einteilen in solche, die mit positivem Erleben wie beispielsweise Freude verknüpft sind, und solche, die negatives Erleben wie Angst und Ärger hervorrufen. Intensive Momente, die von starken Affekten begleitet werden, erzeugen internalisierte *Erinnerungsspuren*. Diese Erinnerungsspuren enthalten die Wahrnehmungen, Reaktionen und Affekte des Kindes sowie die wahrgenommenen Reaktionen und Affekte der anderen Person.

---

[174] Otto F. Kernberg: Die narzisstische Persönlichkeit - Narzisstische Grandiosität und Wut, Workshop bei den Lindauer Psychotherapiewochen 2002, 1.Tag.

[175] Das *Ich* S. Freuds wird mit dem Zusatz *im engeren Sinne* gekennzeichnet, weil der in der Abhandlung verwendete Begriff *Ich* auch das persönliche Unbewusste, insbesondere das *Über-Ich* und das *Es* umfasst.

Aus den Erinnerungsspuren von Tausenden dieser Ereignisse werden wiederkehrende Muster als Repräsentationen extrahiert. Dabei bilden sich aus kognitiven Elementen und Affekten auf der Subjektseite Vorstellungen über die eigene Person, die das *Ich* im engeren Sinne ausmachen. Parallel dazu formen sich aus der Objektseite Vorstellungen über Objekte, also andere Personen, und deren Persönlichkeits-Unterschiede. In normalen Entwicklungen integrieren beide Strukturen sowohl Inhalte, die auf positiven Affekten basieren, als auch Inhalte, die mit negativen Affekten verknüpft sind.

Über-Ich und Es kristallisieren sich im Laufe dieses Prozesses ebenfalls als Strukturen mit positiv und negativ besetzten Teilstrukturen aus. Während im *Es* aufgrund von Abwehrreaktionen extrem positive und extrem negative Objektbeziehungen verdrängt werden, werden im *Über-Ich* Gebote und Verbote internalisiert. Das Über-Ich setzt sich aus mindestens drei Schichten zusammen, die aus speziellen Objektbeziehungen herrühren:
- Verbote der Eltern, die mit Aggression verknüpft sind;
- ein Ich-Ideal, das idealisierte Konzepte des Ich im engeren Sinne und von Objekten, insbesondere der Mutter, repräsentiert;
- ödipale Verbote.

Nach Otto F. Kernberg bilden sich auch die Freud'schen *Triebe* – Sexualtrieb bzw. Selbstliebe sowie Aggressions- bzw. Selbsterhaltungstrieb – aus Affekten in Objektbeziehungen.

Das Ich entwickelt sowohl ein *Selbstgefühl*, das mit dem Grad an Integrität der Teilstrukturen zusammenhängt, als auch ein *Selbstwertgefühl*, das aus der mehr oder weniger starken Gewissheit resultiert, einen Wert zu haben. Normalerweise ist ein Ich in der Lage, diese Gefühle durch positive Beziehungen, Erfolge etc. zu regulieren. Wenn jedoch die geschilderten Strukturen Anomalien zeigen, wenn sie nicht in einem ausgewogenen Verhältnis zueinander stehen, kann es zu psychischen Störungen kommen.

Als Beispiel führt Otto F. Kernberg den Fall an, dass die mit negativen Affekten besetzte Teilstruktur des Ich besonders stark oder besonders umfangreich ist. Das Ich versucht dann, sich von diesen unangenehmen Teilen zu befreien. Die in der Praxis festgestellten Befreiungsreaktionen können zu vier Arten von Abwehrmechanismen gruppiert werden:

- Projektion: „Alles Böse kommt von außen."
- Fragmentierung: „Verschiedene Objekte verfolgen mich oder wollen mir Böses antun."
- Verleugnung: „Das Böse existiert nicht oder ist nicht Teil meiner Persönlichkeit."
- Spaltung (positiver und negativer Strukturen): „Eine gute Mutter wendet alles Böse von mir ab."

Der Kern der Strukturen, die das Ich bzw. das Ich-Bewusstsein ausmachen, bildet sich nach zwei von Otto F. Kernberg zitierten Studien entweder Ende des ersten oder im dritten Lebensjahr. Ich vermute, dass sich der Kern des Ich etwa in der Zeit etabliert, in der Kinder damit beginnen, die Bezeichnung *Ich* zu benutzen, wenn sie von sich selbst reden. Sie verstehen zwar schon früher, was die Erwachsenen meinen, wenn sie *Ich* sagen, wenden den Begriff meiner Beobachtung nach aber erst im Alter von ungefähr zweieinviertel bis drei Jahren auf sich selbst an.

7.4 Lebensfähige Systeme

Der Begriff *lebensfähig* leitet sich aus der Fähigkeit autopoietischer Systeme ab, in ihrer Umwelt für einen gewissen Zeitraum überleben zu können. Sie *sterben* aufgrund innerer oder äußerer Ereignisse, auf die sie nicht mit Überlebensmechanismen reagieren können. Sie müssen sich nicht notwendigerweise selbst reproduzieren können. Dazu bedarf es weiterer struktureller Merkmale und Mechanismen, wie sie beispielsweise Organismen besitzen.

Seitdem in der Evolution Organismen entstanden sind, differenzieren sich neue Schichten aus lebensfähigen Systemen jeweils zwischen zwei bereits vorhandenen Schichten aus, wobei lebensfähige Systeme der neuen Schicht solche früher entstandener Schichten nutzen.[176] So hat sich beispielsweise ein Organ wie das Nervensystem aus einem weniger differenzierten Zellverbund bzw. Gewebe in Organismen durch Spezialisierung herausgebildet. Als System ist es nur innerhalb des Organismus lebensfähig, in dem es entstanden ist. Es setzt sich wiederum aus lebensfähigen Systemen, den Nervenzellen, zusammen. Die tiefste Schicht

---

[176] Siehe Abschnitt „Evolution als erkenntnisgewinnender Prozess" im Kapitel „Erkenntnisse der Verhaltensbiologie". Mit dem Konzept lebensfähiger Systeme lässt sich die Vorstellung von der Entfaltung evolutionärer Schichten verfeinern und die Wirkung evolutionärer Mechanismen noch besser veranschaulichen.

aus lebensfähigen Einheiten dürfte aus Konglomeraten bestimmter Biomoleküle bestehen, die in ihrer Umwelt eine gewisse Zeit stabil bleiben.

7.4.1 Der rekursive Aufbau lebensfähiger Systeme

Das Konzept lebensfähiger Systeme lässt sich auch auf andere Arten selbstreferentieller Systeme wie beispielsweise soziale Systeme übertragen. Fast alle sozialen Systeme sind bestrebt, ihre Existenz langfristig zu sichern. Unter diesem Blickwinkel hat sich der Wirtschaftswissenschaftler Fredmund Malik mit der Frage auseinandergesetzt, wie Unternehmens- und Organisationsstrukturen beschaffen sein müssen, damit sie die Produktion bzw. die Leistungserstellung eines Unternehmens oder einer gesellschaftlichen Institution optimal unterstützen.

Unternehmen und Institutionen besitzen produzierende, produktions-koordinierende und steuernde Einheiten. Die steuernde Einheit ist die oberste Entscheidungsinstanz einer Organisation. Sie sorgt für die interne Ressourcen-Optimierung sowie die Zukunftsanalyse und -planung. Jede produzierende Einheit stellt wiederum ein System dar, das in ihrem jeweiligen betrieblichen Umfeld lebensfähig ist. Auf diese Weise können sich mehrere Ebenen ausdifferenzieren, die rekursiv ineinander verschachtelt sind.[177]

Das Prinzip der rekursiven Verschachtelung findet sich auch in Organismen. Man kann sogar die Rekursion in sozialen Systemen als in biologische Systeme hinein fortgesetzt betrachten, denn das ausführende Organ in sozialen Systemen ist letztlich der Mensch, also ein lebensfähiges, biologisches System.

7.4.2 Das Ich als lebensfähiges System

Jeder psychologische Komplex, also auch das Ich, besitzt nach den Erkenntnissen der Psychologie einen gewissen Grad an Autonomie. Deswegen vermute ich, dass es als lebensfähiges System innerhalb des menschlichen Geistes betrachtet werden kann.

Die steuernden und produktions-koordinierenden Einheiten werden von den erlernten kognitiven Fähigkeiten gebildet, die es dem Menschen erlauben, sich in seiner physischen und sozialen

---

[177] Details zum Aufbau lebensfähiger Systeme und zu ihrer rekursiven Vernetzung siehe Fredmund Malik: Strategie des Managements komplexer Systeme.

Umgebung zurechtzufinden. Die produzierenden Einheiten lassen sich nur vage umreißen, weil über die Mechanismen, die dem Ich-Bewusstsein zugrunde liegen, zu wenig bekannt ist. Ich nehme an, dass sie es dem Menschen ermöglichen, die Anforderungen der Gesellschaft zu erfüllen, in der er lebt, indem sie beispielsweise

- den erinnerten Teil der persönlichen Biografie überwachen, insbesondere unbewusste Inhalte nicht ins Bewusstsein gelangen lassen,
- Bedürfnisse und Emotionen bis zu einem gewissen Grad steuern, also „die Macht [...] [haben], Reflexe tieferer Ebenen außer Kraft zu setzen"[178].

Für die These, das Ich als lebensfähiges System aufzufassen, spricht, dass das Ich-Bewusstsein bei Geburt noch nicht vorhanden ist, sondern – wie im Kapitel „Erkenntnisse der Kognitionswissenschaften" skizziert – erst durch Lernen und Einüben ausgebildet wird. Der Kern des Ich etabliert sich wie oben erläutert vermutlich erst im dritten Lebensjahr.

Zur selben Zeit beginnen Kinder viele offene Fragen zu stellen: Weshalb? Wieso? Warum? Auf diese Weise eignen sie sich Informationen im Sinne objektiven Wissens an. Die anfangs noch merkwürdig anmutenden Fragen, die teilweise auch Dinge betreffen, die das Kind eigentlich schon weiß, werden rasch spezifischer. Das neu entstandene Ich zeigt sich als ein Instrument objektiver Erkenntnis: es lernt aus seinen Irrtümern.

Wenn diese Überlegungen grundsätzlich zutreffen, müsste es eigentlich auch Situationen geben, in denen sich das Ich auflöst, ohne dass der Mensch stirbt. Meiner Auffassung nach geschieht dies beispielsweise in Nahtod-Erlebnissen.

---

[178] M. Donald: Triumph des Bewusstseins – Die Evolution des menschlichen Geistes, Kapitel 6, Seite 275

8 Erkenntnisse der Gehirnforschung

Das Nervensystem, insbesondere das Gehirn, wird als Gegenstand der Forschung unter verschiedenen Blickwinkeln betrachtet. Die Neurophysiologie und die Neurobiologie befassen sich mit dem physischen Aufbau des Nervensystems und der Frage, wie die Leistungen des Gehirns auf der Basis seiner Bausteine und ihrer biologischen, chemischen und physikalischen Eigenschaften zustande kommen. Andere Zweige der Wissenschaft beschäftigen sich beispielsweise mit den Veränderungen des Gehirns in der Stammesgeschichte, messen die Ausführungszeiten der Verarbeitungen innerhalb des Nervensystems oder versuchen, Modelle einzelner Funktionen des Nervensystems zu entwickeln.

Obwohl das Wissen über die Funktionsweise des Gehirns in den vergangenen Jahrzehnten exponentiell angewachsen ist, gibt es noch keine allgemein akzeptierte Theorie, die alle Aspekte des Bewusstseins zufriedenstellend erklärt. Deswegen werden gegen Ende dieses Kapitels die Grundzüge mehrerer Theorien vorgestellt, die Überlegungen und Thesen enthalten, die meiner Ansicht nach zu einer künftigen Theorie des Ich-Bewusstseins beitragen werden. Alle diese Theorien bauen auf einigermaßen gesichert scheinenden Fakten über die Grundfunktionen des Nervensystems auf, die zunächst erläutert werden.[179]

8.1 Bestandteile des Nervensystems

In einer frühen Phase der Evolution mehrzelliger Organismen kristallisierten sich symmetrische Körperformen heraus. Diese stammesgeschichtliche Entwicklung zeigt sich auch heute noch im Nervensystem der Säugetiere, denn es ist in eine linke und rechte Hälfte unterteilt. Die linke Gehirnhälfte kontrolliert die rechte Körperhälfte und die rechte Gehirnhälfte die linke Körperhälfte. Die Steuerung des Körpers wird durch Nervenbahnen ermöglicht, die zum Gehirn hinführen und Informationen aus den verschiedenen Sinnesorganen ans Gehirn leiten, sowie Ner-

---

[179] Abbildungen, die das Verständnis erleichtern, finden sich bspw. in Gerald M. Edelman, Giulio Tononi: Gehirn und Geist; Karl R. Popper, John C. Eccles: Das Ich und sein Gehirn, Teil II; John C. Eccles: Die Evolution des Gehirns; im Internet: Wikipedia (http://de.wikipedia.org).

venbahnen, die vom Gehirn wegführen und Steuerungsanweisungen vom Gehirn an die Organe weitergeben.

Im Verlauf der Evolution sind immer wieder neue Funktionen hinzugekommen, so dass sich mehrere Schichten innerhalb des Gehirns ausdifferenziert haben. Wegen der Zweiteilung treten die Komponenten in diesen Schichten meist paarig in den beiden Gehirnhälften auf. Ausnahmen stellen beispielsweise bestimmte Drüsen dar.

8.1.1 Aufbau und Funktionen des menschlichen Gehirns[180]

Die evolutionsgeschichtlich jüngste Komponente des menschlichen Gehirns ist das *Großhirn*, das aus zwei Gehirnhälften (*Hemisphären*) besteht, die eng miteinander verbunden sind. Die äußere Schicht des Großhirns, die *Großhirnrinde* (oder *Cortex*) ist ca. drei Millimeter dick, besitzt eine relativ große Oberfläche und liegt daher gefaltet im Schädel. Sie enthält sechs unterschiedlich strukturierte Schichten (mit 1 bis 6 bezeichnet). Über die Großhirnrinde verteilt liegen gut 40 Areale (sogenannte *Brodmannsche Felder*), in denen verschiedene kognitive Leistungen lokalisiert werden können.

Die beiden Hälften der Großhirnrinde erfüllen Aufgaben, die sich auf die jeweils entgegengesetzte Körperseite beziehen, wie z.B. die Analyse der Sinneseindrücke oder die Koordination der Muskelbewegungen. Daneben gibt es Funktionen, die überwiegend in einer der beiden Gehirnhälften angesiedelt sind. So konzentriert sich die Sprachfähigkeit zu 98% in der linken Hemisphäre (*dominante Hemisphäre*), und zwar sowohl bei Rechts- wie bei Linkshändern. In der linken Hemisphäre sind eher arithmetische, analytische Leistungen lokalisiert, in der rechten eher geometrische, synthetische wie z.B. die Gestaltwahrnehmung.

Einige unterhalb des vorderen Teils der Großhirnrinde gelegene Areale werden *Basalganglien* genannt. Sie tragen unter anderem dazu bei, sich wiederholende motorische und kognitive Abläufe sowie die damit verbundenen Entscheidungen zu automatisieren.

Das *Zwischenhirn* steuert den Stoffwechsel, den Wasserhaushalt, das Wärmegleichgewicht und mehrere Drüsen mit innerer Sekre-

---

[180] Eine detailliertere und dennoch kompakte Zusammenfassung findet sich in Gerhard Roth: Aus Sicht des Gehirns, Kapitel 1.

tion, die Hormone direkt in den Blutkreislauf abgeben. Es besteht aus *Thalamus, Hypothalamus, Zirbeldrüse (Epiphyse)* und *Hirnanhangdrüse (Hypophyse)*. Der Thalamus nimmt Sinneseindrücke entgegen und reicht sie – je nach Situation selektiv – an die Großhirnrinde weiter. Er besitzt eine innere Struktur mit über 100 sogenannten Kernen; dazu gehören insbesondere der *retikuläre Kern (Nucleus reticularis)* und die *intralaminaren Kerne (Nuclei intralaminares)*. Der Hypothalamus reguliert Emotionen wie Freude und Angst sowie physiologische Funktionen wie Hunger und Durst. Außerdem gibt er Botenstoffe (sogenannte *Releasing-Hormone*) ab, die die Funktion der Hirnanhangdrüse beeinflussen.

Unter dem Begriff *limbisches System* werden verschiedene Komponenten und Strukturen des Groß- und des Zwischenhirns zusammengefasst. Dort werden unter anderem Ereignisse auf verschiedene Weise emotional bewertet. Neben den bereits angeführten Komponenten des Zwischenhirns seien noch der *Hippocampus*, der *Mandelkern (Amygdala)*, die *Kerne des Septums* und das *mediale Vorderhirnbündel* genannt. Der Hippocampus spielt eine wichtige Rolle bei der Speicherung von Inhalten im Langzeit-Gedächtnis. Der Mandelkern scheint für Lust- und Unlustgefühle verantwortlich zu sein, während die Kerne des Septums und das mediale Vorderhirnbündel für angenehme Empfindungen sorgen.[181]

Das *Kleinhirn* koordiniert und steuert automatisierte Bewegungsabläufe und die Feinmotorik. Das *Neocerebellum* (oder *Pontocerebellum*) steuert komplexe Bewegungsabläufe und ist als stammesgeschichtlich jüngster Teil des Kleinhirns nur bei höheren Säugetieren vorhanden.

Innerhalb des *Stammhirns* (in eingeschränktem Sinne auch *Hirnstamm* genannt) kontrolliert das verlängerte Rückenmark automatische Vorgänge, die nicht ständig vom Bewusstsein überwacht werden müssen wie z.B. die Atmung und den Herzschlag. Ein netzartiger Teil des Hirnstamms, die *Formatio reticularis*, erstreckt sich vom verlängerten Rückenmark über das Zwischenhirn und den Thalamus ins mediale Vorderhirnbündel. Sie wird auch als *Hirnschrittmacher* bezeichnet, weil sie verschiedene Gehirnaktivitäten zeitlich synchronisiert. Außer dem Schlaf-/Wachrhythmus

---

[181] John C. Eccles: Die Evolution des Gehirns – die Erschaffung des Selbst, Kapitel 5, Seite 165 ff.

beeinflusst diese Komponente die Atmung, die Grundspannung der Muskeln, und sie moduliert Schmerzempfindung sowie Emotionen. Teil-Komponenten der Formatio reticularis sind die *Raphe-Kerne* und *Locus caeruleus*, der an der Steuerung der Aufmerksamkeit beteiligt ist.[182]

8.1.2 Das somatische Nervensystem

Die Rezeptoren der Sinnesorgane wandeln die Sinneseindrücke in elektrische Impulse um. Nerven leiten die auf diese Weise verschlüsselten Informationen zum Gehirn weiter (*sensorische* Nervenbahnen). Sie bestehen wie die anderen Teile des Nervensystems aus Nervenzellen, die nach dem weiter unten beschriebenen Prinzip arbeiten, und besonders lange Nervenfasern besitzen. Eine andere Art von Nervenbahnen, die vom Gehirn ausgehen, transportieren Informationen zu verschiedenen Teilen des Körpers, wodurch insbesondere die Bewegungen der Muskeln ausgelöst werden (*motorische* Nervenbahnen).

Am Rücken werden die Nervenfasern im *Rückenmark* gebündelt. Das Rückenmark reicht vom verlängerten Mark im Hirnstamm innerhalb der Wirbelsäule hinab bis zum zweiten Lendenwirbel. In ihm verlaufen sowohl Stränge von Nerven, die vom Gehirn ausgehen, als auch Nerven, die zum Gehirn hinführen. Rückenmark und Gehirn werden auch als *Zentralnervensystem* bezeichnet.

In den Kernen der Formatio reticularis werden für den Kopf- und Halsbereichs jeweils zwölf Paare von Nervensträngen, die sogenannten *Hirnnerven*, verschaltet. Sie leiten Informationen von den Sinnesorganen an das Gehirn bzw. vom Gehirn zu den Muskeln im Kopf und im Hals.[183]

8.1.3 Das vegetative Nervensystem

Während verschiedene Funktionen des somatischen Nervensystems wie z.B. Bewegungen bewusst beeinflusst werden können, ist dies für die Funktionen des *vegetativen Nervensystems* normalerweise nicht der Fall, weshalb es auch als *autonomes Nervensystem* bezeichnet wird. Es besteht aus zwei Teilen, dem *Sympathikus* und dem *Parasympathikus*, die Bewegungen, Muskelspannung, Sekreti-

---

[182] Siehe Wikipedia (http://de.wikipedia.org), Stichwort: „Formatio reticularis" (Stand: 25.07.2008)

[183] Siehe Wikipedia (http://de.wikipedia.org), Stichworte: „Formatio reticularis" und „Hirnnerv" (Stand: 25.07.2008)

onsaktivitäten etc. der inneren Organe wie Herz, Lunge, Leber, Darm sowie verschiedener Drüsen regulieren.

Das vegetative Nervensystem wird durch mehrere Komponenten des limbischen Systems, insbesondere durch die Hirnanhangdrüse, sowie Zentren des Hirnstamms gesteuert. Die Hirnanhangdrüse wird auch als Hauptorgan des vegetativen Nervensystems bezeichnet. Einerseits besitzt sie eine direkte Verbindung zum Zentralnervensystem, andererseits beeinflusst sie die Tätigkeit der Nebennieren-, Nebenschild- und Geschlechtsdrüsen durch Ausschüttung von Hormonen. Die übergeordneten Areale steuern unter anderem, ob Sympathikus und Parasympathikus antagonistisch oder gleichgerichtet auf die Organtätigkeit einwirken.

Die Nervenimpulse des *Sympathikus* werden über die sogenannten *Grenzstränge* rechts und links der Wirbelsäule und von dort weiter über *Nervenknoten (Ganglien)* an die Organe geleitet. In den Ganglien werden die vom Zentralnervensystem kommenden Nervenfasern auf die zu den jeweiligen Organen führenden Nervenfasern umgeschaltet. Die Nervenknoten des Sympathikus liegen an bzw. vor der Wirbelsäule im Bereich des Nackens und der Brustwirbel (z.B. *sternförmiges Ganglion*) sowie im Bauchraum (z.B. Teile des *Solarplexus*).

Die Nervenfasern des *Parasympathikus* werden ebenfalls in Nervenknoten auf Nerven umgeschaltet, die zu den Organen führen. Die Nervenimpulse für die Organe, die sich im Oberkörper befinden, werden über den *Vagusnerv* verteilt, der in der Gegend des verlängerten Rückenmarks aus dem Gehirn austritt. Die Organe des Unterkörpers werden über einen Nervenknoten (*Beckenganglion*) angesprochen, der in der Gegend des Kreuzbeins liegt.

Sympathikus und Parasympathikus beeinflussen außerdem das *enterische Nervensystem*, das die Verdauung steuert. Es durchzieht den gesamten Magen-Darm-Trakt und besteht aus ca. 100 Millionen Nervenzellen.

8.2 Veränderungen im Laufe der Evolution

In der stammesgeschichtlichen Linie von affenartigen Säugetieren bis hin zum Menschen hat sich das Gehirn bezüglich seiner Struktur, also seinen Komponenten und deren Verbindungen untereinander, kaum verändert, sehr wohl dagegen was den Umfang einzelner Teile des Gehirns betrifft. Die Entwicklung der

Komponenten Gehirns in diesem Zweig der Evolution lässt einige wenige Rückschlüsse auf die damit verbundenen Änderungen kognitiver Leistungen und des seelischen Erlebens zu.

Auf ähnliche Weise wie Robin Dunbar und seine Kollegen die Entwicklung des Großhirns betrachteten, verglichen H. Stephan, G. Baron und H.D. Frahm die relative Größe verschiedener Teile des Gehirns von Halbaffen, Menschenaffenartigen (Gibbon, Gorilla, Schimpanse etc.) und Menschen miteinander. Um die Unterschiede bezüglich der Körpergröße der untersuchten Individuen und Arten weitgehend zu eliminieren, wählten sie für den Vergleich einen logarithmischen Größenindex, der die Hirngröße zur durchschnittlichen Körpergröße und dem Körpergewicht in Beziehung setzt.[184]

Besonders auffallend ist, wie stark der Index des Großhirns zugenommen hat: von Halbaffen zu Menschenaffenartigen ungefähr um das Dreifache, von Menschenaffenartigen zum Menschen ebenfalls ungefähr um den Faktor drei. Auch das Klein- und das Zwischenhirn haben sich stark vergrößert, jeweils ca. um das Doppelte, das Kleinhirn von Menschenaffenartigen zum Menschen hin sogar um das Zweieinhalbfache.

Außerdem hat sich der Umfang einiger Komponenten des limbischen Systems (Septum, Hippocampus, Schizokortex) beim Evolutionsschritt vom Menschenaffenartigen zum Menschen hin verdoppelt, während von Halbaffen zu Menschenaffenartigen hin kein Wachstum zu verzeichnen ist. Besonders groß ist die Zunahme eines Teils der Hippocampusrinde, in der kognitive Erinnerungsspuren zur langfristigen Speicherung erzeugt werden. Andere Komponenten des limbischen Systems weisen dagegen nur geringe Größenveränderungen auf.[185]

Innerhalb des Mandelkerns haben sich Größenverschiebungen ergeben: während eine Gruppe von Komponenten des Mandelkerns leicht abgenommen hat, hat eine andere Gruppe stark zugenommen. „Sieht man die evolutionäre Zunahme des Septums [...] im Zusammenhang mit diesen Werten für die Mandelkern-Komponenten, so kann man zu dem Schluß gelangen, dass die Evolution innerhalb des limbischen Systems jene Komponenten

---

[184] Berichtet nach John C. Eccles: Die Evolution des Gehirns – die Erschaffung des Selbst, Kapitel 3, Seite 82 ff. sowie Tabelle 3.1, Seite 85

[185] J.C. Eccles: Die Evolution des Gehirns – die Erschaffung des Selbst, Kapitel 5, Seite 176 ff.

gefördert hat, die mit lustvollen und freudigen Erfahrungen zusammenhängen […], während die mit Aggression und Wut verknüpften Komponenten […] unterentwickelt blieben."[186] Aus diesen und weiteren Gründen, auf die hier nicht näher eingegangen wird, vertritt der Neurophysiologe John Carew Eccles die These, „[…] dass das limbische System für das evolutionäre Überleben und den schließlichen Erfolg der Hominiden von entscheidender Bedeutung war."[187]

8.3 Grundfunktionen des Nervensystems

8.3.1 Aufbau und Funktionsweise der Nervenzellen[188]

Das Gehirn besteht aus insgesamt ca. 100 Milliarden Nervenzellen (*Neuronen*) unterschiedlicher Art, wovon auf die Großhirnrinde ca. 15-20 Milliarden entfallen. Etwa die zehnfache Anzahl von Zellen versorgt die Nervenzellen mit den nötigen Nähr- und Betriebsstoffen (sogenannte *Glia-Zellen*).

Nervenzellen unterscheiden sich in ihrer Form von den anderen Zellen des Körpers. Sie besitzen normalerweise mehrere hundert bis mehrere tausend Verästelungen (*Dendriten*), die sich vom Zellkörper ausgehend nach allen Richtungen hin erstrecken. Der Zellkörper besitzt einen faserartigen Fortsatz, *Axon* genannt, der meist mit einer isolierenden Schicht spezialisierter Zellen, der sogenannten *Myelinscheide*, umhüllt ist. Axone verzweigen sich zu einer Vielzahl von Fasern, die mit sogenannten *Synapsen-Köpfen* enden. Diese docken jeweils an einer Vertiefung vieler anderer Nervenzellen an und bilden dort *Synapsen*.

Synapsen-Köpfe enthalten sogenannte *Vesikel*, die bei Aktivierung durch elektrische Impulse *Neurotransmitter*-Stoffe wi e z.B. Glutamat, Noradrenalin oder Serotonin in den synaptischen Spalt ausschütten. Diese Stoffe bewirken, dass an der benachbarten Zelle ein kleines elektrisches Potential entsteht. Auf diese Weise werden Informationen indirekt durch chemische Mechanismen an andere Neuronen weitergegeben. Es gibt aber auch Synapsen, die den elektrischen Impuls direkt übertragen. Das chemische

---

[186] J.C. Eccles: Die Evolution des Gehirns, Kapitel 5, Seite 177
[187] J.C. Eccles: Die Evolution des Gehirns, Kapitel 5, Seite 165
[188] Detailliertere Darstellungen finden sich in Christof Koch: Bewusstsein – ein neurobiologisches Rätsel, Kapitel 4 und 7 sowie Heiko Luhmann: Alles Einbildung! Was unser Gehirn tatsächlich wahrnimmt, Kapitel 2.

Verfahren hat den Vorteil, dass sich damit nicht nur eine aktivierende, sondern auch eine hemmende Wirkung erzielen lässt.[189]

An einem Neuron entstehen innerhalb einer gewissen Zeitspanne an vielen synaptischen Verbindungen Potentiale, die durch Impulse vieler anderer Neuronen ausgelöst werden. Die Stärke des Potentials hängt unter anderen vom Aufbau der jeweiligen Synapse ab. Häufige Nutzung einer Synapse führt zu einer Verstärkung der Verbindung, so dass das übertragene Potential zunimmt. Wird eine Synapse nicht genutzt, wird die Verbindung nach und nach geschwächt.

Übersteigt die Summe der positiven und negativen Potentiale aller Synapsen einer Nervenzelle ihren *Schwellwert*, so entlädt sich diese über ihr Axon, man sagt auch: sie *feuert*. „Die Aktivierung eines Typs von Synapsen regt das Neuron an und veranlasst es, seinerseits Impulse abzugeben, die als kurze elektrische Nachrichten über sein Axon laufen. Aktivierung einer anderen Gruppe von Synapsen hemmt das Neuron und führt zu einer Behinderung der Impulsentladung. Jedes Neuron hat hunderte oder sogar tausende von Synapsen auf seiner Oberfläche und entsendet Impulse nur dann, wenn die Synapsenerregung wesentlich stärker als die Hemmung ist. Impulse stellen fast das einzige Mittel einer schnellen Übertragung im Zentralnervensystem dar."[190]

Manche Nervenzellen können 1.000 Mal in der Sekunde feuern. Die meisten Gehirnforscher gehen davon aus, dass die Informationsverarbeitung im Gehirn überwiegend auf der Frequenz der Entladungen je Zeiteinheit beruht, obwohl auch andere Faktoren wie beispielsweise das mit der Entladung verbundene elektromagnetische Feldpotential eine Rolle spielen könnten.[191]

Nervenimpulse breiten sich abhängig von der Art des Neurons und der Dicke der Isolationsschicht um die Axone mit einer Geschwindigkeit von 0,5 bis 100 Meter je Sekunde über die Nervenfasern aus, die über einen Meter lang werden können. Axone vieler Neuronen können zu sogenannten *Nerven* gebündelt sein.

---

[189] Einzelheiten zu den biochemischen Prozessen, die die Impulsentladung bewirken, siehe Erwin-Josef Speckmann, Jürgen Hescheler, Rüdiger Köhling: Physiologie, Kapitel 2, oder David S. Goodsell: Wie Zellen funktionieren, Kapitel 6, Seiten 102-109, oder Wikipedia, Stichwort: „Nervenzelle".

[190] Karl R. Popper, John C. Eccles: Das Ich und sein Gehirn, Teil II, Kapitel E1, Abschnitt 1., Seite 283

[191] Siehe Christof Koch: Bewusstsein, Kapitel 2, Seite 38-42

Diese Mechanismen finden sich schon in den Nervenzellen niederer Tiere. Sie haben sich im Laufe der Evolution nur wenig verändert. Allerdings ist die Anzahl der Nervenzellen und ihrer Verbindungen bei höher entwickelten Tieren sehr viel größer. Man schätzt, dass es beim Menschen 100-1.000 verschiedene Arten von Nervenzellen gibt, die in gewisser Weise spezialisiert sind, aber wohl alle nach den oben beschriebenen Prinzipien arbeiten.

8.3.2 Neuronale Netze und neuronale Prozesse

Nervenzellen bilden mit den von ihren Axonen ausgehenden synaptischen Verbindungen zu Dendriten anderer Neuronen umfangreiche Netzwerke, die *neuronale Netze* oder *neuronale Schaltkreise* genannt werden. Grob geschätzt enthält das Gehirn 100 Billionen Synapsen. Weil ein Axon bis zu einem Meter lang werden kann, können zumindest bestimmte Arten von Nervenzellen im Gehirn prinzipiell jedes Areal des Gehirns erreichen.

In neuronalen Schaltkreisen kommt es zu kaskadenartigen Entladungen, die von Nervenimpulsen ausgelöst werden, die Sinnesorgane aufgrund von Ereignissen in der Außenwelt oder Sensoren aufgrund von Veränderungen im Körper erzeugen. Alle Leistungen des Gehirns beruhen auf derartigen Impulsentladungen, *neuronale Prozesse* genannt, und deren zeitlicher Koordination.[192]

Die Art und Weise, wie sich Entladungen in neuronalen Netzen ausbreiten, wird nicht allein durch die Verschaltung der Nervenzellen (*Topologie* genannt) bestimmt, sondern kann auch durch neurophysiologische Eigenschaften wie z.B. der Intensität synaptischer Verbindungen, der Entladungsfrequenz der beteiligten Neuronen oder aktivierende bzw. hemmende Neurotransmitter beeinflusst werden.

Nervenzellen wirken nicht wie Schalter, die entweder nur ein- oder nur ausgeschaltet sind. Sie feuern ab und zu mit einer gewissen Wahrscheinlichkeit, auch wenn in der Umgebung keine oder nur schwache Auslöser vorhanden sind. Daher gibt es in neuronalen Netzen ein gewisses *Grundrauschen*, von dem sich die zu registrierenden neuronalen Muster durch deutlich höhere Entladungsfrequenzen abheben. Demnach beruhen die beobachtbaren

---

[192] Beispiele der Funktionen einfacher neuronaler Netze siehe bspw. Frank Rösler: Psychophysiologie der Kognition, Kapitel 2, Seite 24-46

Leistungen des Gehirns nicht auf kausalen Beziehungen, sondern auf statistischen Auswertungen.[193]

Die ausgelösten Signale sind zuverlässiger, wenn mehrere Neuronen gleichartig zusammenwirken, weil dann die wahrscheinlichkeitsbedingten Schwankungen weniger ins Gewicht fallen. Tatsächlich werden schon elementare Funktionen des Gehirns nicht von einzelnen Nervenzellen, sondern von einer Gruppe vieler Neuronen gemeinsam bewirkt. Dazu sind die Neuronen einer Gruppe in einem neuronalen Teilnetz besonders eng miteinander verknüpft. Die Neuronen eines solchen Teilnetzes bauen weitgehend gleichgerichtet Kraft auf, um die Nervenzellen anderer Gruppen zu unterstützen oder zu hemmen.

Neuronen-Gruppen sind auf bestimmte Aufgaben, z.B. auf die Verarbeitung einzelner Merkmale in den Sinnesreizen, spezialisiert. Die Neuronen einer Gruppe werden aktiv, d.h. sie feuern mit hoher Frequenz, wenn in ihrem Umfeld ganz bestimmte Entladungsmuster auftreten. Sie wirken wie ein Filter, der aus der Gesamtheit der Entladungsmuster ein Merkmal, beispielsweise das neuronale Korrelat der Farbe Rot, selektiert. Aufgrund der komplexen Vernetzung der Neuronen kann es vorkommen, dass ein einzelnes Neuron zu zwei oder mehreren Filtern beiträgt, also bei unterschiedlichen Merkmalen aktiv wird.

Weil die Leistungen aller Neuronen-Gruppen auf dem Grundprinzip der Aktivierung und Impulsentladung einzelner Nervenzellen beruhen, können einmal etablierte Funktionen von anderen Schaltkreisen genutzt werden. Auf diese Weise schließen sich neuronale Netze rekursiv zu immer umfangreicheren dreidimensionalen Netzen zusammen. Dabei bilden sich Strukturen mit vielen Ebenen, in denen die Funktionen der untergeordneten durch die Funktionen der jeweils übergeordneten Ebenen koordiniert werden.

8.4 Evolutionäre Mechanismen im Gehirn

Das Gehirn als Errungenschaft der Evolution arbeitet selbst nach evolutionären Prinzipien, also nicht prozedural wie Computer, in denen eine durch ein Programm vorgegebene Abfolge aufeinander folgender Arbeitsschritte ausgeführt wird. Es gibt im

---

[193] Siehe bspw. Frank Rösler: Psychophysiologie der Kognition, Kapitel 8, Seite 231-246

Gehirn keine Software, die die Gehirntätigkeit steuert. Seine Leistungen ergeben sich stattdessen aus den kaskadenartigen Entladungen in vernetzten neuronalen Schaltkreisen.

8.4.1 Die Entwicklung neuronaler Strukturen

Die Reihenfolge der Ausbildung neuronaler Strukturen bei Kindern entspricht in etwa der Entwicklungsgeschichte des Gehirns in der Evolution. Beginnend mit dem Hirnstamm, in dem verschiedene Körperfunktionen reguliert werden, über das limbische System sowie Areale, die mit Gefühlen zu tun haben, bilden sich schließlich die neuronalen Netze in der Großhirnrinde aus, zuletzt der Frontallappen der Großhirnrinde (*präfrontaler Cortex*), in dem sich die höchststufigen Steuerungsfunktionen befinden.[194]

Synaptische Kontakte entstehen durch Selektions-Mechanismen bereits im Embryo-Stadium. „Mit fortschreitender Entwicklung senden Neuronen beispielsweise Myriaden verzweigter Fortsätze in die unterschiedlichsten Richtungen aus. Diese Verästelungen garantieren eine außerordentlich hohe Variabilität im Hinblick auf die möglichen Verknüpfungsmuster […] und schaffen ein riesiges und vielfältiges Repertoire an neuronalen Schaltkreisen. Im weiteren Entwicklungsverlauf haben die Neurone die Möglichkeit, diese individuellen Muster an elektrischer Aktivität zu verstärken oder wieder abzuschwächen: Neurone, die gleichzeitig feuern, werden verkabelt. Die Folge davon ist, dass die Neurone innerhalb einer Gruppe enger miteinander verknüpft sind als Neurone aus verschiedenen Gruppen. […] Überlappt wird diese frühe Phase durch einen Prozess der synaptischen Selektion innerhalb der Repertoires einzelner neuronaler Gruppen, der auf Verhaltenserfahrungen zurückzuführen ist und das ganze Leben hindurch stattfindet.“[195]

Vor der Geburt sind solche Verhaltenserfahrungen vor allem mit dem eigenen Körper verbunden. „Hier [im Gehirn] werden aus einem zunächst viel zu großen Angebot an synaptischen Verbindungen allmählich diejenigen Verschaltungsmuster stabilisiert und gebahnt, die bei den zunehmend koordinierter werdenden Bewegungsabläufen des Embryos regelmäßig aktiviert werden. Von Anfang an findet Lernen im Gehirn also durch Nutzung und

---

[194] Wie sich die Neuronen ausbilden und organisieren, ist beschrieben in David J. Linden: Das Gehirn – Ein Unfall der Natur und …, Kapitel 3.

[195] Gerald M. Edelman, Giulio Tononi: Gehirn und Geist, Kapitel 7, Seite 116

Einübung der entsprechenden Körperfunktionen statt. […] Was für die zentralnervöse Steuerung der Körpermuskulatur gilt, trifft in gleicher Weise […] für die Herausbildung all jener neuronalen Verschaltungsmuster zu, die an der Steuerung und Koordinierung aller anderen Körperfunktionen beteiligt sind."[196]

8.4.2 Anpassung der Struktur neuronaler Netze

Neuronale Netze passen sich ständig an das Geschehen an, das sich in ihrer neuronalen Umgebung abspielt:
- Neue Nervenzellen werden in das neuronale Netz eingefügt; andere sterben ab.
- Synapsen werden zwischen Neuronen neu gebildet oder aufgelöst.
- Bestehende synaptische Verbindungen können verstärkt oder abgeschwächt werden.
- Der Schwellwert, bei dem ein Neuron aktiv wird, kann sich verändern, und zwar sowohl dauerhaft durch Veränderung der Eigenschaften des Neurons, wie auch temporär durch Ausschüttung von Neurotransmittern durch die umgebenden Zellen.

Die Struktur neuronaler Netze ist also während des ganzen Lebens Veränderungen unterworfen. Verbindungen, die häufig genutzt werden, werden verstärkt, solche die nicht mehr genutzt werden, abgebaut. Indem sich die synaptischen Verbindungen abhängig von der Nutzung verstärken oder abschwächen, besitzen neuronale Netze eine außergewöhnliche Eigenschaft: sie sind lernfähig, das heißt sie können Wissen über ihre Umwelt erwerben und speichern. Weil das Wissen in den Verbindungen zwischen den Neuronen codiert ist, teilen sich Nervenzellen im Gegensatz zu anderen Körperzellen nicht, denn dadurch würden bestehende Verbindungen getrennt oder aufgelöst.

Die Lernfähigkeit neuronaler Netze wird in der Technik mittels Simulation auf Computern genutzt, vor allem in Bereichen, in denen kein systematisiertes Wissen existiert, oder in denen die Regeln nicht vollständig bekannt sind, beispielsweise in der Bild- und Mustererkennung oder in der Regelungstechnik. Der Nutzen besteht darin, dass der Aufwand zur Analyse und Programmie-

---

[196] Gerald Hüther: Wie Embodiment neurobiologisch erklärt werden kann, Seite 83

rung der Anwendungsregeln entfällt. Stattdessen werden passende Netze simuliert und anhand von Fällen aus der Praxis trainiert. Im Allgemeinen reichen ca. 100 Fälle aus, bis das neuronale Netz weitere Praxisfälle selbständig bearbeiten kann.

8.4.3 Die Entwicklung kognitiver Funktionen

Auch die überwiegend in der Großhirnrinde lokalisierten kognitiven Funktionen bilden sich schrittweise aus: beginnend mit den Neuronen, die direkt mit der Außenwelt in Verbindung stehen, nach innen zu immer neuen Funktionen, die auf bereits erworbenen Fähigkeiten aufbauen. Auf der Eingangsseite wird zunächst erlernt, Sinnesreize zu verarbeiten, parallel dazu auf der Ausgangsseite Bewegungen zu koordinieren und Stimmungslagen zu äußern. Beim Sehen werden zuerst verschiedene Formen, Kanten, Farben etc. registriert, die später durch Koordination mit anderen Sinneseindrücken wie Hören und Tasten zu Objekten zusammengesetzt werden. Die motorischen Bewegungen werden beim Säugling zunehmend differenzierter, vom einfachen Schlagen mit dem ganzen Arm bis zur Greifbewegung, in der viele Muskeln koordiniert werden müssen.[197]

Im Gehirn organisieren sich dabei jeweils neue Schichten neuronaler Netze, die Steuerungs- und Koordinationsfunktionen für mehrere bereits etablierte Schichten übernehmen.[198] Man schätzt, dass das Gehirn beim Erwachsenen etwa zwei bis drei Dutzend dieser Schichten ausbildet.

Die evolutionären Mechanismen erkenntnisgewinnender Prozesse[199] finden sich bei vielen, wenn nicht allen kognitiven Gehirn-Tätigkeiten. „Das Gehirn bildet ständig Hypothesen darüber, wie die Welt sein sollte, und vergleicht die Signale von Sinnesorganen mit diesen Hypothesen. Bestätigen sich die Voraussagen, erfolgt die Wahrnehmung nach sehr kurzen Verarbeitungszeiten. Treffen sie nicht zu, muss das Gehirn seine Hypothesen korrigieren, was die Reaktionszeiten verlängert. In den meisten Fällen dürfte sich der Wahrnehmungsakt jedoch auf das Bestätigen bereits formulierter Hypothesen beschränken."[200] Derartige

---

[197] Manfred Spitzer: Geist & Gehirn 3 – Gehirnentwicklung sowie Entwicklung und Lernen
[198] Mehr dazu im Abschnitt „Kognitive Leistungen".
[199] Siehe Kapitel „Erkenntnisse der Verhaltensbiologie"
[200] Wolf Singer: Vom Gehirn zum Bewusstsein, Seite 45-46

Erwartungen an künftige Geschehnisse entstehen implizit auf allen Ebenen.

8.5 Komplexe neuronale Strukturen

Wie in den vorangegangenen Abschnitten erläutert, beruhen die Leistungen des Gehirns auf synchronisierten Aktivitäten von Nervenzellen, die sich in Neuronen-Gruppen organisieren und zu umfangreichen, strukturierten Netzen zusammenfügen. Dabei liegen eng vernetzte Areale nicht immer in räumlicher Nachbarschaft zueinander. In diesen Fällen gibt es umfangreiche Verbindungen von einem Areal zu einem anderen, die auch als *Projektionen* bezeichnet werden.

8.5.1 Karten

Unter dem Mikroskop werden in der Großhirnrinde Strukturen sichtbar, in denen benachbarte Neuronen aus einem Areal Kontakt haben zu benachbarten Neuronen eines anderen Areals, sogenannte *Karten*.[201] Ähnlich wie in Landkarten sind dort zusammengehörende Elemente wie beispielsweise die Buchstaben des Alphabets oder die Körperteile in solchen Karten registriert. Die meisten Bereiche der Großhirnrinde sind in Form von Karten organisiert.

Sogenannte *globale Karten* setzen sich aus Karten und anderen komplexen Strukturen zusammen. In ihr werden Wahrnehmungen mit Bewegungen koordiniert, beispielsweise beim Ergreifen eines Glases, um etwas zu trinken. „Die globale Karte ist [...] eine dynamische Struktur, in der vielfältig vernetzte lokale Karten (motorischen und sensorischen Inhalts) zusammengefasst sind, die mit anderen, nicht zu Karten organisierten Regionen wie dem Hirnstamm, den Basalganglien, dem Hippocampus und Teilen des Kleinhirns interagieren."[202]

8.5.2 Polysynaptische Schleifen

Eine weitere Struktur gleicht einer Reihe paralleler, in Serie geschalteter Ketten, die von der Großhirnrinde ausgehend z.B. zu den Basalganglien, zum Kleinhirn oder dem Hippocampus, und von dort entweder direkt oder über den Thalamus zurück zur

---

[201] Gerald M. Edelman, Giulio Tononi: Gehirn und Geist, Kapitel 4, Seite 65
[202] G.M. Edelman, G. Tononi: Gehirn und Geist, Kapitel 8, Seite 131

Großhirnrinde verlaufen. Diese neuronalen Muster, sogenannte *parallele polysynaptische Schleifen*, scheinen komplizierte motorische und kognitive Routineaufgaben zu steuern.[203]

8.5.3 Bewertungssysteme

Von mehreren Kernen des Hirnstamms und des Hypothalamus ausgehend stellen fächerartig angeordnete Axone Verbindungen zu verschiedenen anderen Teilen des Gehirns her. Diese neuronalen Strukturen werden als *Bewertungssysteme* bezeichnet. „Ein Bewertungssystem ist dadurch gekennzeichnet, dass es durch diffuse Projektionen große Gruppen von Neuronen gleichzeitig erreicht und dort seine [...] Neurotransmitter abgibt. Dadurch verändert es die Wahrscheinlichkeit, dass Neurone, die in der Nähe seiner Axone liegen, [...] feuern. Auf diese Weise nimmt das Bewertungssystem Einfluss auf die Tätigkeit von Neuronen, die an Lern- und Gedächtnisvorgängen beteiligt sind und überlebenswichtige Körperreaktionen steuern."[204]

So geht beispielsweise vom Locus caeruleus, der nur aus mehreren 10.000 Nervenzellen besteht, ein Netz von Axonen aus, das Milliarden von Synapsen in Großhirnrinde, Thalamus, Hippocampus, Basalganglien, Kleinhirn und Rückenmark erreicht. Wenn sich etwas Wichtiges ereignet, entladen sich die Neurone des Locus caeruleus und geben den Neurotransmitter Noradrenalin frei, wodurch die Aufmerksamkeit auf die entsprechende Situation gelenkt wird. In ähnlicher Weise wirken die Raphe-Kerne, die Serotonin abgeben, die cholinergen Kerne, die Acetylcholin freisetzen, die dopaminergen Kerne, die Dopamin ausschütten und das im Hypothalamus liegende histaminerge System.[205]

Das Dopaminsystem spielt eine wichtige Rolle bei Lernvorgängen, in denen Konsequenzen aus den Abweichungen zwischen den Erwartungen, die mit einem Ereignis verknüpft sind, und dem tatsächlich eingetretenen Ergebnis gezogen werden müssen. „Gelernt wird, wenn der Organismus Diskrepanzen zwischen erwarteten und tatsächlich gegebenen Reizen bzw. Handlungskonsequenzen registriert. In dieser Situation lässt sich ein phasisches Signal im [...] Dopaminsystem registrieren. [...] Die Aktivi-

---

[203] G.M. Edelman, G. Tononi: Gehirn und Geist, Kapitel 4, Seite 63-69

[204] G.M. Edelman: Das Licht des Geistes, Kapitel 3, Seite 37

[205] G.M. Edelman: Das Licht des Geistes – Wie Bewusstsein entsteht, Kapitel 3, Seite 36, 37

tät dieser Neurone kann als Korrelat eines Vorhersagefehlers verstanden werden."[206] Das dabei ausgeschüttete Dopamin führt zu einer Verstärkung der synaptischen Verbindungen gemeinsam feuernder Neuronen.

8.6 Emotionen und Gefühle

„Emotionen haben eine doppelte biologische Funktion. Die erste Funktion besteht darin, auf die auslösende Situation eine spezifische Reaktion hervorzurufen. […] Zweitens hat die Emotion die Funktion, den inneren Zustand des Organismus zu regulieren, so dass er auf die spezifische Reaktion vorbereitet ist."[207] Emotionen können daher als komplexe Reaktionsmuster aufgefasst werden, die auf die *basale Lebensregulation* wirken, mit dem Ziel, die Unversehrtheit, die Versorgung sowie die Befriedigung anderer Bedürfnisse des Organismus zu gewährleisten. Die basale Lebensregulation bedient sich relativ einfacher, stereotypisierter Reaktionsmuster wie beispielsweise Reflexen, Anspannung von Gesichtsmuskeln, Beschleunigung der Herzfrequenz, Ausschüttung von Hormonen oder Neurotransmittern.

Als *Emotion* bezeichnet der Neurologe Antonio R. Damasio all jene Reaktionen eines Organismus, die größtenteils öffentlich zu beobachten sind, während der Begriff *Gefühl* die private, mentale Erfahrung einer Emotion aus der Ersten-Person-Perspektive ausdrückt.[208] Während Gefühle anderer Personen nicht erfahren werden können, ist es möglich, gewisse Aspekte ihrer Emotionen zu erkennen. Er teilt Emotionen in drei Klassen ein:

- *Hintergrundemotionen*: Wohlbehagen oder Unbehagen, Ruhe oder Anspannung usw.
- *primäre* oder *universelle*: Freude, Trauer, Furcht, Abscheu, Überraschung, Wut[209]
- *sekundäre* oder *soziale*: Verlegenheit, Eifersucht, Neid, Schuld, Stolz usw.

Hintergrund- und primäre Emotionen sind als Aktivitätsmuster weitgehend angeboren, während die Reize, die diese Aktivitäts-

---

[206] Frank Rösler: Psychophysiologie der Kognition, Kapitel 5, Seite 144

[207] Antonio R. Damasio: Ich fühle, also bin ich – Die Entschlüsselung des Bewusstseins, 2. Kapitel, Seite 71

[208] Antonio R. Damasio: Ich fühle, also bin ich, 2. Kapitel, Seite 57, 58

[209] Diese Emotionen dürfte mit den *Affekten* nach O.F. Kernberg übereinstimmen.

muster auslösen, erst in der frühkindlichen Entwicklung endgültig festgelegt werden. Aus evolutionsbiologischer Sicht können sie als Erkenntnisfunktionen aufgefasst werden, mit denen sich einfache Organismen in ihrer Umwelt zurechtfinden. Sekundäre Emotionen werden auf der Grundlage anderer Emotionen erst in der Sozialisationsphase eingeübt.

Aufgrund der Untersuchung von Patienten, die Gehirnschädigungen unterschiedlicher Art aufweisen, schließt A.R. Damasio, dass die Emotionen in verschiedenen Kernen des Hirnstamms, des Hypothalamus, des basalen Vorderhirns und des Mandelkerns repräsentiert sind.[210] „Als Dispositionen sind diese Repräsentationen implizit, latent und dem Bewusstsein nicht zugänglich."[211]

Ein Organismus registriert seine Emotionen nur dann, wenn er die damit verbundenen Gefühle hat, auch wenn diese nicht bewusst wahrgenommen werden. „Das Bewusstsein macht Gefühle der Erkenntnis zugänglich und unterstützt damit die innere Wirkung von Emotionen. Es versetzt diese in die Lage, den Denkprozess durch Vermittlung des Fühlens zu durchdringen. Schließlich ermöglicht das Bewusstsein jedem Objekt erkannt zu werden – dem «Objekt» Emotion genauso wie jedem anderen Objekt – und verbessert damit die Fähigkeit des Organismus, angepasst zu reagieren, das heißt, auf seine besonderen Bedürfnisse einzugehen."[212]

Damit Emotionen als Gefühle erlebt werden können und Vorstellungen über Gefühle möglich sind, müssen Abbilder der Repräsentationen von Emotionen in Arealen des Gehirns entstehen, in denen kognitive Operationen möglich sind. „Die neuronalen Muster, die das Substrat eines Gefühls darstellen, erwachsen aus zwei Klassen von biologischen Veränderungen: Veränderungen, die mit dem Körperzustand zu tun haben, und Veränderungen, die den kognitiven Zustand betreffen."[213]

---

[210] Wie sich diese Gehirnstrukturen beim Kind entwickeln siehe bspw. Gerhard Roth: Aus Sicht des Gehirns, Kapitel 8, Seite 159.
[211] A.R. Damasio: Ich fühle, also bin ich, 2. Kapitel, Seite 101
[212] A.R. Damasio: Ich fühle, also bin ich, 2. Kapitel, Seite 74
[213] A.R. Damasio: Ich fühle, also bin ich, 2. Kapitel, Seite 102

8.7 Sozialverhalten und Nervensystem

Die *Polyvagal*-Theorie des Psychiaters und Neurowissenschaftlers Stephen Porges geht davon aus, dass innerhalb des vegetativen Nervensystems, des Hirnstamms, des Hypothalamus, der Hypophyse und des Mandelkerns drei hierarchisch angeordnete neuronale Systeme existieren, die den Körper auf die je nach Situation adäquate Aktion vorbereiten.[214]

Das evolutionsgeschichtlich älteste System bewirkt das Sich-Todstellen. Bereits einfache Wirbeltiere verfügen über diese Art des Verhaltens, bei dem alle Funktionen auf ein Minimum reduziert werden, die mit Bewegung zu tun haben. Es ist mit dem nicht-myelinisierten Teil des Parasympathikus verknüpft. Beim Menschen wird dieses System z.B. bei einer Ohnmacht aktiv.

Die mittlere Ebene mobilisiert den Körper für den Kampf oder die Flucht. Dieses System beruht auf dem Sympathikus und den Stress regulierenden Komponenten des Nervensystems.

Die höchste Ebene ermöglicht soziales Verhalten. Über dieses *Social Engagement System* verfügen nach S. Porges nur Säugetiere. Die Theorie erklärt, wie soziale Kontakte den Zustand des vegetativen Nervensystems beeinflussen und umgekehrt.

Das Social Engagement System wirkt über den myelinisierten Teil des Parasympathikus, der den Einfluss des Sympathikus dämpft, indem er insbesondere den Herzschlag und den Blutdruck verringert. Dies trägt dazu bei, dass sich ein Gefühl der Sicherheit einstellen kann, das die Basis für entspannten sozialen Austausch ist. Außerdem kontrolliert das System mittels einiger Kerne des Hirnstamms sowie fünf Hirnnerven die Muskeln, die verschiedene Formen des emotionalen Ausdrucks wie Mimik, Gestik, Stimmlage und -modulation steuern.

Augenkontakt, Mimik, Gestik, Stimmmodulation und weitere Aspekte des Verhaltens lösen während eines sozialen Kontakts im Social Engagement System Änderungen aus. Das Verhalten eines Menschen hängt demnach auch vom Zustand seiner neurophysiologischen Systeme ab, so wie er sich in zeitlich vorangegangenen sozialen Interaktionen ergeben hat. Wenn man Probleme im zwischenmenschlichen Kontakt vermeiden will, empfiehlt es sich, Sicherheit zu vermitteln, das heißt insbesondere,

---

[214] Stephen Porges: Neurophysiologie der Selbstregulation – Die Polyvagal-Theorie. Emotionen, Bindung, Kommunikation und ihre Entstehung, DVD 1

sich anderen Menschen mit ungeteilter Aufmerksamkeit zuzuwenden und Augenkontakt zu suchen.

Lässt es das Verhaltensrepertoire des Social Engagement Systems nicht zu, eine Situation zu bewältigen, wird das Kampf-/ Flucht-Repertoire, und wenn auch dieses nicht passt das Sich-Todstellen aktiviert. Der Wechsel der Systeme kann nicht bewusst gesteuert werden, sondern erfolgt unwillkürlich anhand gewisser situationsbedingter Auslöser. Die Auslöser sind individuell: eine Situation kann von einer Person als bedrohlich, von einer anderen als entspannt empfunden werden. Offenbar prägt sich in der Kindheit weitgehend unbewusst ein, welche Arten von Situationen zu einem Wechsel des Repertoires führen.

Viele Situationen, denen wir in unserer Gesellschaft ausgesetzt sind, aktivieren laut S. Porges das Kampf-/Fluchtsystem, weil wir unbewusst bewerten, ob sie bedrohlich sind oder nicht. Das Verteidigungssystem wird auch aktiviert, wenn eigene Standpunkte vertreten werden, weil die Argumentation von derartigen Bewertungen abhängig ist.[215]

8.8 Gedächtnis

Viele Leistungen des Gehirns setzen Mechanismen der Speicherung und des späteren Abrufs von Bewusstseinsinhalten voraus. Beispielsweise beruht die Vorstellung einer ausgedehnten Zeit, in der es Vergangenheit und Zukunft gibt, auf der Möglichkeit, sich auf vergangene Ereignisse beziehen zu können.

Es gibt mehrere Gedächtnis-Arten, die verschiedenartige Inhalte wie episodisches und deklaratives Wissen (*episodisches* und *semantisches Gedächtnis*), erlernte motorische Abläufe (*prozedurales Gedächtnis*), sowie Gefahrensignale und zugehörige Aktionen (*emotionales Gedächtnis*) speichern. Auch das Immunsystem scheint ein Gedächtnis zu besitzen.[216] Die Inhalte dieser *Langzeit-Gedächtnisse* werden durch synaptische Verknüpfungen umfangreicher neuronaler Netze *repräsentiert*.

Das im episodischen und semantischen Gedächtnis enthaltene Wissen wird situationsbezogen im Form neuronaler Prozesse aktiviert. Diejenigen Prozesse, die nicht nur einmalig ablaufen, son-

---

[215] Stephen Porges: Neurophysiologie der Selbstregulation – Die Polyvagal-Theorie, Vortrag auf DVD, Fortsetzung Vormittag des 2.Tages (DVD 3) ab ca. 7 Min.
[216] Frank Rösler: Psychophysiologie der Kognition, Kapitel 7, Seite 202 und 210

dern mehrfach benötigt werden, werden durch das *Arbeitsgedächtnis* mehrere Sekunden oder Minuten aktiv gehalten.

Gedächtnisse sind also nicht nur Datenspeicher, sondern sie umfassen auch Speicherungs- und Selektionsfunktionen. Auf welche Weise die Informationen in den neuronalen Netzen abgelegt und wieder abgerufen werden, ist wie bei vielen anderen Eigenschaften des Gehirns noch nicht vollständig geklärt. Gesichert ist, dass das Gehirn die Einspeicherung von Inhalten in das Langzeit-Gedächtnis in zwei Schritten löst: Die Informationen, Prozeduren etc. werden zunächst zwischengespeichert und von dort aus nach und nach in andere Areale des Gehirns übertragen. Bis die Inhalte im Langzeit-Gedächtnis verfestigt sind, können mehrere Monate vergehen.

Der Speicherungsprozess wird durch die Kaskaden neuronaler Prozesse initiiert, die beispielsweise durch Sinneseindrücke ausgelöst werden. Der Psychophysiologe Frank Rösler nimmt an, dass die Speicherorte (*Adressen*) der beteiligten Neuronenverbände, die zum Abruf wieder aktiviert werden müssen, zunächst in den Strukturen des medialen Temporallappens, insbesondere im Hippocampus, festgehalten werden.[217] Dort befinden sich Nervenzellen, deren Synapsen durch einzelne, kurze Impulse verstärkt oder geschwächt werden können.[218]

Die zum Zeitpunkt der Speicherung aktiven neuronalen Prozesse werden während des Schlafs wiederholt aktiviert. Diese Wiederholungen benötigen offenbar nur einen Bruchteil der Ausführungsdauer der auslösenden Prozesse.[219] In der *Tiefschlafphase* treten vorwiegend diejenigen Bereiche des Hippocampus, in denen Abbildungen von Tatsachen und Ereignissen verändert worden oder neu entstanden sind, in Wechselwirkung mit bestimmten Bereichen der Großhirnrinde. In der *REM-Phase* des Schlafs werden vorwiegend erlernte Abläufe, Fertigkeiten und Verhaltensweisen wiederholt, und in das Kleinhirn oder in die Basalganglien abgebildet.[220]

---

[217] Frank Rösler: Psychophysiologie der Kognition, Kapitel 7, Seite 211
[218] Einige der neuronalen und biochemischen Mechanismen, die dabei eine Rolle spielen, sind beschrieben in D.J. Linden: Das Gehirn – Ein Unfall der Natur und warum es dennoch funktioniert, Kapitel 4, Seite 147-165 sowie F. Rösler: Psychophysiologie der Kognition, Kapitel 6, Seite 160-164 und Kapitel 7, Seite 190-196.
[219] Frank Rösler: Psychophysiologie der Kognition, Kapitel 7, Seite 207
[220] Manfred Spitzer: Geist & Gehirn 1 – Lernen im Schlaf

„Durch wiederholte Aktivierung der vollständigen Repräsentation mittels Adresscode werden auch die kortikalen synaptischen Verbindungen verändert. Neue Gedächtnisinhalte werden dadurch in bestehendes Wissen integriert und episodische Engramme [Anm.: Gedächtnisspuren] werden semantisiert."[221] Das neu erworbene Wissen wird also mit bereits vorhandenem Wissen vernetzt, und die Erlebnisse werden in einen umfassenderen Bedeutungszusammenhang gestellt. Außerdem werden Verknüpfungen zu anderen Inhalten, insbesondere zu Emotionen und Gefühlen aufgebaut. Bei der emotionalen Färbung der Inhalte spielt der Mandelkern eine wichtige Rolle, der außer zum Hippocampus direkte Verbindungen zum Thalamus und zum Hirnstamm besitzt. Auf diese Weise könnten sich die assoziativen Eigenschaften des Gedächtnisses herausbilden.

Ähnliche Mechanismen wie bei der Zwischenspeicherung von Wissen könnten zum Arbeitsgedächtnis beitragen. „Aufgrund der aktuellen Reizgegebenheiten und aufgrund bereits aktivierter Gedächtnisrepräsentationen durch vorangegangenen Kontext existiert im präfrontalen Kortex ein weiterer Adresscode, mit dessen Hilfe die Elemente des Arbeitsgedächtnisses aktiviert und deaktiviert werden."[222] Diese Vorstellungen entsprechen meinem Verständnis nach dem Konzept der *Dispositionen* von Antonio R. Damasio .

Danach stellen Dispositionen spezielle Neuronen-Gruppen in der Großhirnrinde dar, die registrieren können, welche Areale bei einer Wahrnehmung aktiv sind. „Wahrnehmung funktioniert [...] als Kaskade von Prozessen, die in eine Richtung verlaufen. In dieser Kaskade werden Schritt für Schritt immer stärker verfeinerte Signale entnommen [...]. Die Kaskade würde im Allgemeinen [...] ihren Höhepunkt in den Rindenfeldern der vorderen Schläfen- und Stirnlappen finden, wo den Annahmen zufolge die am stärksten integrierten Repräsentationen der gerade laufenden multisensorischen Einschätzung der Realität stattfinden."[223]

„Was wir normalerweise als Erinnerung an ein Objekt bezeichnen, ist in Wirklichkeit *die zusammengesetzte Erinnerung an die sensorischen und motorischen Abläufe, die sich auf die Wechselwirkungen zwischen*

---

[221] Frank Rösler: Psychophysiologie der Kognition, Kapitel 7, Seite 211

[222] Frank Rösler: Psychophysiologie der Kognition, Kapitel 7, Seite 211

[223] Antonio R. Damasio: Selbst ist der Mensch – Körper, Geist und die Entstehung des menschlichen Bewusstseins, Kapitel 6, Seite 150

dem Organismus und dem Objekt beziehen und sich während eines gewissen Zeitraums abspielen."[224] Dispositionen sind Vorschriften und Regeln, mit denen Erinnerungen wieder hervorgerufen werden können. „Das Modell [...] postuliert, dass die Zellgruppen auf der obersten Ebene der Verarbeitungshierarchien keine expliziten Repräsentationen der Karten für Objekte und Ereignisse enthalten. Diese Gruppen enthalten vielmehr das Knowhow, das heißt die *Dispositionen* für die spätere Rekonstruktion expliziter Repräsentationen [...].[...] [Die] Disposition *lenkt den Prozess der Reaktivierung und des Zusammensetzens von Aspekten früherer Wahrnehmungen* – unabhängig davon, wo diese verarbeitet und anschließend aufgezeichnet wurden."[225]

8.9 Kognitive Leistungen

Die kognitiven Fähigkeiten des Menschen, die vor allem dem Erkenntnisgewinn dienen, beruhen auf einem Großteil der Großhirnrinde, dem Thalamus und den Verbindungen zwischen und innerhalb dieser Regionen, dem sogenannten *thalamokortikalen System*.[226] In diesem System laufen Informationen aus den Sinnesorganen und anderen Teilen des Gehirns zusammen, insbesondere auch neuronale Korrelate von Emotionen.

Der Elektroingenieur und Computerspezialist Jeff Hawkins hat sich jahrelang mit Gehirnforschung befasst, weil er der Meinung ist, dass intelligente Maschinen von Menschen nur dann als intelligent betrachtet werden können, wenn sie die Prinzipien des Gehirns berücksichtigen. Deswegen entwickelte er eine Theorie über die kognitiven Leistungen des thalamokortikalen Systems.[227]

Sinnesorgane erzeugen *räumliche* und *zeitliche Impulsmuster*. Als *räumliche Muster* bezeichnet J. Hawkins neuronale Impulse, die von mehreren Rezeptoren eines Sinnesorgans gleichzeitig erzeugt werden. *Zeitliche Muster* entstehen durch mehrere Impulse eines Sinnesorgans im zeitlichen Verlauf, beispielsweise durch die unbewussten Augenbewegungen (ca. drei Mal in der Sekunde). Gleichartige Wiederholungen solcher Muster führen zu synapti-

---

[224] Antonio R. Damasio: Selbst ist der Mensch, Kapitel 6, Seite 146

[225] Antonio R. Damasio: Selbst ist der Mensch, Kapitel 6, Seite 154

[226] G.M. Edelman, G. Tononi: Gehirn und Geist, Kapitel 4, Seite 63-69

[227] Ein hier nicht vorgestellter Teil der Theorie erklärt zusätzlich, wie es durch Lernvorgänge zu der beschriebenen Schichtung von Neuronen-Gruppen kommt; siehe Jeff Hawkins: Die Zukunft der Intelligenz.

schen Verknüpfungen, die das Wissen über die wesentlichen Inhalte des Geschehens repräsentieren. „All unser Weltwissen ist ein Modell, das auf Mustern basiert."[228]

Die Basiseinheiten der Mustererkennung bilden Neuronen-Gruppen eines bestimmten Typs in der Großhirnrinde, die sogenannten *neokortikalen Säulen*. Sie bestehen aus einigen hundert bis einigen tausend Neuronen, die sich in enger Nachbarschaft säulenförmig über die sechs Schichten der Großhirnrinde erstrecken. Neokortikale Säulen setzen sich aus unterschiedlichen Arten von Nervenzellen zusammen, die zum Teil in einzelnen Schichten konzentriert auftreten. So enthalten die Schichten 5 und 6 vorwiegend – wegen ihrer Form so genannte – *Pyramidenzellen*, während in einem Teil der Schicht 4 sogenannte *Sternzellen* vorkommen, die eine Verbindung zum Thalamus besitzen.[229]

Über die hauptsächlich aus Axonen bestehende Schicht 1 der Großhirnrinde besitzt jede neokortikale Säule *wechselseitige* oder *reziproke* Verbindungen mit vielen anderen dieser Neuronen-Gruppen. Diese Verbindungen werden *aufsteigend* genannt, wenn überwiegend Axone von Neuronen aus den Schichten 2 und 3 in der Schicht 4 anderer Neuronen-Gruppen enden. Sie werden *absteigend* genannt, wenn die Axone in den oberen Schichten, insbesondere Schicht 1, oder in Schicht 6 enden. *Seitliche* Verbindungen können aus allen Schichten außer 1 und 4 entspringen und in allen Schichten der empfangenden neokortikalen Säulen enden.[230]

Anhand der Impulsmuster, die von den Sinnesorganen erzeugt werden, registrieren neokortikale Säulen einzelne Aspekte der Sinnesreize wie beispielsweise einen senkrechten Strich. Wenn sie ein entsprechendes Muster erkennen, werden sie aktiv, das heißt, sie erzeugen ihrerseits Impulsmuster, die über wechselseitige Verbindungen gesendet bzw. empfangen werden. Weil alle neokortikalen Säulen fähig sind, Muster zu erkennen, können sie in gleicher Weise die von anderen neokortikalen Säulen erzeugten Muster analysieren.

Jeff Hawkins nimmt an, dass durch Lernvorgänge über wechselseitige – aufsteigende und absteigende – Verbindungen Hierarchien zwischen den – in der Großhirnrinde räumlich parallel an-

---

[228] Jeff Hawkins: Die Zukunft der Intelligenz, Kapitel 3, Seite 80
[229] Siehe Abschnitt „Das retikuläre Aktivierungssystem" weiter unten
[230] Chr.Koch: Bewusstsein – ein neurobiologisches Rätsel, Kapitel 7, Seite 130,131

geordneten – neokortikalen Säulen aufgebaut werden. Übergeordnete neokortikale Säulen abstrahieren dabei die Impulsmuster von zwei oder mehreren untergeordneten Säulen. Während z.B. einige Neuronen-Gruppen auf Linien reagieren, werden andere Gruppen durch Farben aktiviert. Aus diesen und weiteren Detailinformationen setzen neokortikale Säulen übergeordneter Ebenen neuronale Korrelate von Gegenständen mit entsprechender Form und Farbe zusammen. Auf ähnliche Weise werden Wahrnehmungen klassifiziert bzw. kategorisiert und Bewegungen erkannt.

Auf jeder Ebene der Hierarchie werden nach J. Hawkins *Musterfolgen* gespeichert. Musterfolgen sind mehrere Muster, die stets zusammen auftreten, zeitlich aber nicht in einer festgelegten Reihenfolge aufeinanderfolgen. „Daher kann man sagen, dass das Gehirn Folgen von Folgen speichert. Jede Region des Cortex erlernt Musterfolgen, entwickelt für die erlernten Folgen, was ich mit «Namen» bezeichne, und reicht diese Namen an die nächsthöhere Region in der corticalen Hierarchie weiter.“[231] „Dadurch, dass wir in jeder Region unserer Hierarchie vorhersagbare Musterfolgen zu «benannten Objekten» zusammenfalten, erreichen wir, je höher wir kommen, immer mehr Stabilität. Das schafft invariante Repräsentationen. Das Gegenteil tritt ein, wenn ein Muster die Hierarchie hinunterwandert: Stabile Muster werden zu Musterfolgen «aufgefaltet».“[232]

Unter anderem wegen der hierarchischen Organisation ist nicht jede Neuronen-Gruppen mit jeder anderen reziprok verbunden, sondern sie gruppieren sich zu Arealen mit starker innerer reziproker Vernetzung. Zwischen diesen Arealen können wiederum seitliche reziproke Verbindungen bestehen. So sind beispielsweise die Bereiche der Großhirnrinde, die Sinnesdaten verarbeiten, reziprok mit dem vorderen Teil der Großhirnrinde (*präfrontaler Cortex*), in dem die höchsten Exekutivfunktionen lokalisiert sind, verschaltet. Dasselbe gilt für die motorischen Bereiche. Innerhalb des präfrontalen Cortex selbst ist nahezu jeder Bereich mit jedem anderen reziprok verknüpft.[233]

---

[231] Jeff Hawkins: Die Zukunft der Intelligenz, Kapitel 6, Seite 158
[232] Jeff Hawkins: Die Zukunft der Intelligenz, Kapitel 6, Seite 159,160
[233] Frank Rösler: Psychophysiologie der Kognition, Kapitel 10, Seite 315,316

Stark vereinfacht ausgedrückt beruhen also kognitive Leistungen auf der Fähigkeit der neokortikalen Säulen, bei bestimmten wiederkehrenden Mustern im neuronalen Geschehen aktiv zu werden, Hierarchien zu bilden, und wechselseitig über die verschiedenen Ebenen hinweg sowohl von unten nach oben als auch von oben nach unten Informationen auszutauschen[234], sowie auf der wechselseitigen Verknüpfung von Arealen, die sich aus Hierarchien neuronaler Netze zusammensetzen.

Mit den beschriebenen Mechanismen scheint das Gehirn in der Lage zu sein, die Wirklichkeit abzubilden, oder anders formuliert: ein Modell der Welt[235] zu entwerfen. Das Modell ist in der Gesamtheit der synaptischen Verknüpfungen des thalamokortikalen Systems hinterlegt. Impulsmuster, die ständig aufgrund innerer oder äußerer Ereignisse z.B. in den Sinnesorganen entstehen, aktivieren neuronale Prozesse in Teilnetzen dieses Systems, die diejenigen Ausschnitte des Modells repräsentieren, die zur Bewältigung der aktuellen Situation benötigt werden.

Als kondensierte Informationen aus vergangenen Erfahrungen bilden Repräsentationen gleichzeitig Erwartungen an zukünftiges Geschehen. „Vergessen Sie […] nicht, dass eine invariante Repräsentation in jeder beliebigen Cortexregion dadurch, dass das Muster die Hierarchie hinuntergeschickt wird, in eine detaillierte Vorhersage umgewandelt werden kann, die besagt, wie diese Repräsentation Ihren Sinnen erscheinen wird. Ebenso kann eine invariante Repräsentation im Motorcortex in detaillierte und situationsspezifische Befehle an die Muskulatur umgewandelt werden, indem das Muster die motorische Hierarchie hinuntergeschickt wird."[236]

In manchen Situationen stimmt die prognostizierte Erwartung nicht mit den tatsächlichen Gegebenheiten überein. Es kommt zu Konflikten, in denen zwei oder mehrere neuronale Muster miteinander konkurrieren. Bewusste und unbewusste neuronale Konflikte kommen recht häufig vor, z.B. wenn es zur Ausführung einer Handlung mehrere mögliche Alternativen gibt. Neuronale Konflikte können sogar gleichzeitig auf mehreren Ebenen der

---

[234] Details siehe Jeff Hawkins: Die Zukunft der Intelligenz, Kapitel 6, Seite 168 ff.
[235] Siehe Kapitel „Konzepte aus der Perspektive des Systemdenkens"
[236] Jeff Hawkins: Die Zukunft der Intelligenz, Kapitel 6, Seite 168

Verarbeitungshierarchie entstehen.[237] Damit das Gehirn nicht in inkonsistente Zustände gerät, damit es innerhalb kurzer Zeit zu einer Entscheidung kommt etc., muss eines der betreffenden Muster verstärkt, die anderen gehemmt werden. Dies leisten spezialisierte Bereiche des Gehirns, vor allem im präfrontalen Cortex (PFC). „Der PFC entspricht einer hierarchisch geordneten Menge von rückgekoppelten neuronalen Netzen, die inhaltlich unspezifisch Konflikte aushandeln."[238]

An der Entscheidungsfindung sind nach Antonio R. Damasio auch Emotionen und die damit verbundenen körperlichen Reaktionen beteiligt, weil sie die neuronalen Muster in gewisser Weise bewerten. „[…] [Emotionen] *markieren* bestimmte Aspekte einer Situation oder bestimmte Ergebnisse möglicher Handlungen. […][Die Emotion] nimmt diese Markierung entweder offen vor, etwa als »Bauchgefühl«, als instinktives Empfinden, oder verdeckt mittels Signalen, die unterhalb der Bewusstseinsschwelle empfangen werden."[239] Patienten, die diese Funktion infolge von Verletzungen des Gehirns verloren haben, benötigen in Entscheidungssituationen sehr viel Zeit, um zu einem Entschluss zu gelangen.

8.10 Reaktions- und Verarbeitungszeiten

Die Grundsätze der Informationsverarbeitung legen es nahe zu vermuten, dass die Ausführung integrierter, komplexer Leistungen des Gehirns mehr Zeit in Anspruch nimmt als das Registrieren einfacher Reize. Der Psychologe und Physiologe Ernst Pöppel hat die Dauer verschiedener Verarbeitungen innerhalb des Nervensystems, insbesondere zwischen dem Eintreffen und dem Wahrnehmen von Sinneseindrücken sowie von motorischen Reaktionen auf Sinnesreize gemessen.[240]

Aufgrund der Ergebnisse der Untersuchungen schließt E. Pöppel, dass das Gehirn bei der Wahrnehmung von Sinneseindrücken sogenannte *Gleichzeitigkeitsfenster* erzeugt, d.h. dass es zwei Ereignisse als gleichzeitig betrachtet, wenn sie innerhalb einer be-

---

[237] Frank Rösler: Psychophysiologie der Kognition, Kapitel 9 und 10, Seite 301-343

[238] Frank Rösler: Psychophysiologie der Kognition, Kapitel 10, Seite 329

[239] Antonio R. Damasio: Descartes' Irrtum – Fühlen, Denken und das menschliche Gehirn, Vorwort, Seite V. (In Übersetzungen seiner neueren Werke wird der Begriff „Emotion" anstelle von „Gefühl" verwendet.)

[240] Ernst Pöppel: Grenzen des Bewusstseins

stimmten, sehr kurzen Zeitspanne liegen. Diese Zeitspanne ist für die einzelnen Sinne unterschiedlich: beim Gehör 2–5 tausendstel Sekunden, beim Tastsinn ca. 10 tausendstel Sekunden und beim Sehen ca. 20–30 tausendstel Sekunden. Die Zeitspannen sind individuell unterschiedlich und hängen auch von gewissen Umweltfaktoren ab, z.B. von der Stärke des auslösenden Reizes. „Objektiv gleichzeitige Ereignisse sind subjektiv also gegeneinander verschoben wegen des unterschiedlichen Zeitverhaltens unserer Sinnesorgane."[241]

Wird zusätzlich erwartet, die *Ereignisse zu identifizieren*, also z.B. anzugeben, in welcher Reihenfolge die Ereignisse eingetreten sind, benötigt das Gehirn eine Zeitspanne von 30–40 tausendstel Sekunden und zwar unabhängig vom Sinn, der durch die Ereignisse angesprochen worden ist. Das bedeutet, dass zwei zu identifizierende Ereignisse als gleichzeitig empfunden werden, wenn sie innerhalb dieser Zeitspanne liegen.

Weil die Zeitspanne für jeden Sinn 30–40 tausendstel Sekunden beträgt, nimmt E. Pöppel an, dass es einen Mechanismus gibt, der alle Arten von Sinneseindrücken koordiniert. Dieser hat unter anderem den Zweck, Meldungen an das Gehirn, die aus verschiedenen Sinnesreizen eines äußeren Ereignisses stammen, zu einem erlebten Geschehnis zusammenzufügen. Wenn uns beispielsweise ein Gegenstand auf den Fuß fällt, wird der dadurch entstehende Schmerz langsamer an das Gehirn geleitet, als durch die Augen, die den Vorfall beobachten. Trotzdem erleben wir den Vorgang als *ein* Ereignis.

Motorische Reaktionen des Bewegungsapparats auf akustische Signale (z.B. auf den Startschuss zu einem 100 m-Lauf) sind erst nach einer verhältnismäßig großen Verzögerungszeit möglich. Sie liegt im Bereich von 0,11–0,17 Sekunden. Die Reaktion auf visuelle Signale ist zusätzlich leicht verzögert um ca. 0,04 Sekunden auf insgesamt 0,15–0,21 Sekunden.

Auch die Zeitdauern, die für *Entscheidungen* benötigt werden, verteilen sich nicht kontinuierlich. In einem Experiment, in dem Versuchspersonen auf zwei unterschiedliche Reize mit jeweils mehreren möglichen Verhaltensvarianten reagieren sollen, werden bevorzugt Reaktionszeiten gemessen, die ganzzahlige Vielfache einer Zeitspanne von ca. 30–40 tausendstel Sekunden darstel-

---

[241] Ernst Pöppel: Grenzen des Bewusstseins, Kapitel 4., Seite 32

len. Dies entspricht der oben genannten Zeitspanne zur Identifikation von Ereignissen. E. Pöppel schließt daraus, dass es einen Oszillationsvorgang gibt, der generell der bewussten Verarbeitung von Ereignissen zugrunde liegt, und der es erlaubt, mit Hilfe erworbenen *Wissens* Entscheidungen zu treffen. Dieser Mechanismus könnte die Prozesse im Gehirn – im Sinne einer Uhr – zeitlich ordnen.

Die Untersuchungen des Physiologen Benjamin Libet haben ergeben, dass nach dem Zeitpunkt der Verfügbarkeit von Sinnesdaten im Gehirn eine gewisse Zeitspanne vergeht, bis das betreffende Ereignis bewusst wahrgenommen wird. „Bewusste geistige Ereignisse erscheinen nur nach einer Mindestdauer von Aktivationen. Diese Zeitspanne beträgt 0,5 sec oder mehr. Sie ist kürzer bei stärkeren Aktivierungen."[242] Daraus folgert er: „Subjektiv leben wir also in einer zurückdatierten Gegenwart, obwohl wir uns in Wirklichkeit der Gegenwart bis zu 0,5 sec lang, nachdem das sensorische Signal an der Hirnrinde ankommt, nicht bewusst werden."[243]

Während bei den bisher erläuterten Experimenten Gehirn- und Muskelaktivitäten ohne aktive Mitwirkung der Versuchspersonen gemessen werden können, benötigt man zur Untersuchung *bewusster Handlungen* zusätzlich subjektive Aussagen über den Zeitpunkt, zu dem die Versuchsperson eine Handlung initiiert. Mit ausgeklügelten Versuchsanordnungen hat zuerst B. Libet die Ereignisse in ihrem zeitlichen Ablauf bestimmt. Spätere Experimente haben seine Ergebnisse im Kern bestätigt.

Erstaunlicherweise leitet das Gehirn den willentlichen Prozess ein, bevor die Versuchsperson den Wunsch zu handeln verspürt, und zwar durchschnittlich ca. 0,35–0,4 Sekunden früher. Bis zur Ausführung der Handlung vergehen dann nochmals ca. 0,15 Sekunden, wobei für die Durchführung der motorischen Bewegung nur 0,05 Sekunden benötigt werden. In der verbleibenden Spanne von 0,1 Sekunden kann die Aktion im Sinne eines Veto unterdrückt werden.[244]

Weshalb nehmen wir diese zeitlichen Verzögerungen nicht wahr? E. Pöppel nimmt an, dass es einen Integrations-Mechanis-

---

[242] Benjamin Libet: Mind Time – Wie das Gehirn Bewusstsein produziert, Kapitel 6, Seite 247
[243] Benjamin Libet: Mind Time, Kapitel 2, Seite 120
[244] Benjamin Libet: Mind Time, Kapitel 4, Seite 173-178

mus gibt, der dafür sorgt, dass aufeinanderfolgende Ereignisse zu einer Wahrnehmungs-Gestalt zusammengefasst werden. Dieser Mechanismus ist seiner Ansicht nach Grundlage der subjektiven Gegenwart, des *Jetzt*-Gefühls. „Das Jetzt, die subjektive Gegenwart, ist gar nichts eigenständiges, sondern ist ein Attribut des Bewusstseinsinhalts. Jeder Bewusstseinsinhalt ist notwendigerweise immer Jetzt, daher das Jetztgefühl."[245] Die Zeitspanne für das, was als *Jetzt* empfunden wird, liegt bei max. 2,5–3 Sekunden.

8.11 Bewusstsein

Viele namhafte Gehirnforscher gehen davon aus, dass das Bewusstsein im Laufe der Evolution des Nervensystems und seiner Verbindungen zum Körper entstanden ist. „Man kann das Bewusstsein als eine evolutionäre Errungenschaft besonderer Art betrachten, deren verschiedene Funktionen der Optimierung und Intensivierung kognitiver Verarbeitungsprozesse dienen."[246] „Ich stelle daher die Hypothese auf, dass die Emergenz mentaler Erlebnisse in der Evolution verstanden werden kann als ein Mittel, um die vielfältigen Inputs, die zum Gehirn hochentwickelter Tiere gelangen, zu integrieren."[247]

Die Bewusstseinsinhalte erscheinen uns in einem einheitlichen Strom des Erlebens. Erst bei analytischer Betrachtung wird klar, dass er sich aus einem hochkomplexen Zusammenspiel vieler Funktionen ergeben muss. Die in den nachfolgenden Abschnitten zusammengefassten Erkenntnisse und Theorien enthalten Elemente, die meiner Meinung nach zu einer künftigen Theorie des Bewusstseins beitragen werden. Sie fügen sich aber nicht zu einem durchgängigen Bild zusammen.

8.11.1 Das retikuläre Aktivierungssystem

Gehirnverletzungen verschiedener Art zeigen, dass beim Ausfall einzelner Areale des Gehirns jeweils nur spezifische Leistungen beeinträchtigt werden, ohne dass es zum vollständigen Verlust des Bewusstseins kommt. Es gibt nur ganz wenige Areale, deren Verletzung Bewusstlosigkeit zur Folge hat, nämlich die Formatio

---

[245] Ernst Pöppel: Grenzen des Bewusstseins, Kapitel 7., Seite 63
[246] Merlin Donald: Triumph des Bewusstseins – Die Evolution des menschlichen Geistes, Kapitel 3, Seite 141
[247] John C. Eccles: Die Evolution des Gehirns, Abschnitt 8.3, Seite 283. Der Begriff *Emergenz* entspricht hier dem von K. Lorenz geprägten Begriff *Fulguration*.

reticularis im Hirnstamm und Strukturen des Thalamus, insbesondere der Nucleus medialis intralaminaris, der eng mit der Formatio reticularis verknüpft ist.[248]

Einige Kerne der Formatio reticularis sind Ausgangspunkte von Bewertungssystemen, die die Neurotransmitter Noradrenalin und Serotonin ausschütten. Gemeinsam bilden sie das sogenannte *aufsteigende retikuläre Aktivierungssystem*. Dieses System sorgt dafür, dass die Aktivität vieler Areale des Gehirns lange anhaltend aktiviert oder gedämpft wird, beispielsweise um den Wechsel zwischen Wachzustand und Schlaf zu regulieren. Außerdem kann es auch einzelne Areale der Großhirnrinde kurzzeitig aktivieren.

Andere von der Formatio reticularis ausgehende Verbindungen führen in den Thalamus, vor allem in die intralaminaren Kerne. In diesem zweiten Teil des Aktivierungssystems spielt der Thalamus die zentrale Rolle. Die im Thalamus eintreffenden Sinnesdaten werden zum einen direkt an die Großhirnrinde, zum anderen – über einen Umweg – verzögert an das Aktivierungssystem weitergeleitet. Dadurch entsteht eine Schwingung, deren Frequenz durch die Laufzeit des Signals auf dem Umweg bestimmt wird, im Schlaf mit ca. 3–6 Hertz, im Wachzustand mit bis zu 40 Hertz.

Die dabei erzeugten Impulse werden an Sternzellen und von dort weiter über strickleiterförmige synaptische Kontakte zu den Pyramidenzellen der neokortikalen Säulen in der Großhirnrinde weitergeleitet. Die Kontakte sind bei der Geburt noch nicht vorhanden. Sie prägen sich in den ersten Lebensjahren aus[249], also in der Zeit, in der sich das Ich-Bewusstsein dauerhaft etabliert.

Dieser Teil des Aktivierungssystems, *Hirnschrittmacher* genannt, wirkt wie ein Taktgeber für große Bereiche des Gehirns. Zwar sind im Gehirn verschiedene, häufig wechselnde Rhythmen feststellbar, für die bewusste Wahrnehmung scheint jedoch der Rhythmus des Aktivierungssystems eine entscheidende Rolle zu spielen.[250] Der Zweck des Hirnschrittmachers liegt wohl darin, die Neuronen kurzzeitig und synchron in den nicht erregten Zustand zu versetzen, weil sich sonst durch die Vernetzung der Neuronen untereinander verschiedene Erregungsmuster mitei-

---

[248] Benjamin Libet: Mind Time, Kapitel 6., Seite 256
[249] Rolf Hassler: Regulation der psychischen Aktivität; Beschreibung entnommen aus Wikipedia (http://de.wikipedia.org), Stichworte: „Aufsteigendes retikuläres Aktivierungssystem" und „Formatio reticularis" (Stand: 25.07.2008)
[250] Siehe Abschnitt „Auswahl kognitiver Inhalte"

nander vermischen würden. Eine bewusste, differenzierte Wahrnehmung oder Aktion wäre dann nicht möglich. Aus ähnlichen Gründen werden Prozessoren von Computern getaktet, allerdings mit sehr viel höheren Taktraten.

8.11.2 Auswahl kognitiver Inhalte

J.C. Eccles geht von einer Trennung der physischen Strukturen einschließlich des Gehirns (Welt 1 nach Karl R. Popper) und des Geistes (Welt 2) aus.[251] Dieser Ansatz wirft die Frage auf, wie denn der menschliche Geist mit den physischen Strukturen des Gehirns interagieren kann, wie also der Austausch zwischen dem Gehirn, das ein Abbild der Außenwelt bereitstellt, und dem Bewusstsein möglich ist. J.C. Eccles bezeichnet die Struktur, in dem sich dieser Austausch-Mechanismus vollzieht, als *Liaison-Hirn*.

„Der Begriff Liaison-Hirn bezeichnet all diejenigen Abschnitte der Großhirnrinde, die potentiell in der Lage sind, in direkter Liaison mit dem selbstbewußten Geist zu sein. Später […] wird die Vermutung entwickelt, daß sich von Augenblick zu Augenblick nur winzige Fraktionen tatsächlich in diesem Zustand direkter Liaison befinden."[252] „1977 […] habe ich die Hypothese entwickelt, der selbstbewußte Geist registriere nicht bloß passiv die neuralen [besser: neuronalen] Ereignisse, sondern habe eine aktive Suchfunktion, wie es Jung (1978) mit dem Scheinwerfervergleich zum Ausdruck bringt. Potentiell liegt ständig die Gesamtheit der komplexen neuronalen Prozesse vor ihm ausgebreitet, und aus dieser unabsehbaren Menge von Leistungen im Liaison-Hirn kann er, je nachdem, worauf seine Aufmerksamkeit, seine Vorliebe, sein Interesse oder sein Drang sich richten, eine Auswahl treffen, in dem er bald dieses, bald jenes sucht und die Ergebnisse der Ablesungen aus vielen verschiedenen Feldern des Liaison-Hirns miteinander verknüpft. Auf diese Weise vereinheitlicht der selbstbewußte Geist die Erfahrung."[253]

Die Beschreibung von John C. Eccles weist Gemeinsamkeiten mit Aussagen des Neurobiologen Wolf Singer und des Biophysi-

---

[251] J.C. Eccles begann sich für die Neurophysiologie zu interessieren, als er im Alter von 18 Jahren vermutlich ein spirituelles Erlebnis hatte; siehe K.R. Popper, J.C. Eccles: Das Ich und sein Gehirn, Teil II, Kapitel E7, Abschnitt 49, Seite 430.

[252] Karl R. Popper, John C. Eccles: Das Ich und sein Gehirn, Teil II, Kapitel E7, Abschnitt 49., Seite 431

[253] John C. Eccles: Die Evolution des Gehirns, Abschnitt 9.5, Seite 328

kers Christof Koch auf, die sich mit den neuronalen Korrelaten der *Aufmerksamkeit* und der Frage befassen, wie kognitive Erregungsmuster bewusst werden. Es ist daher zu vermuten, dass die Entität, die J.C. Eccles als „selbstbewusster Geist" bezeichnet, mit Aufmerksamkeit zusammenhängt, also eine Komponente des menschlichen Geistes ist, die neuronale Korrelate in den stammesgeschichtlich älteren Schichten des Gehirns besitzt.

„Selektive, gerichtete Aufmerksamkeit lässt sich in zwei Formen unterteilen – eine, die von unten nach oben (bottom-up) erfolgt […], und die andere, die von oben nach unten (top-down) erfolgt und willkürlich kontrolliert wird. […] Top-down-Aufmerksamkeit ist von der aktuellen Aufgabe abhängig und kann auf einen bestimmten Punkt im Raum, ein bestimmtes Attribut im Gesichtsfeld oder auf einen Gegenstand gerichtet werden."[254] Während Bottom-up-Aufmerksamkeit bei überraschenden Ereignissen unwillkürlich aktiviert wird, kann Top-down-Aufmerksamkeit willentlich gesteuert werden. „Mehr als ein Objekt oder Ereignis kann gleichzeitig wahrgenommen werden, vorausgesetzt, dass ihre Repräsentation in den entscheidenden thalamischen oder corticalen Netzwerken nicht überlappen. Wenn sie doch überlappen, […] ist Top-down-Aufmerksamkeit nötig, um die neuronale Repräsentation des beachteten Stimulus auf Kosten des vernachlässigten Stimulus zu fördern. Aufmerksamkeit beeinflusst also den Wettbewerb unter rivalisierenden Koalitionen, insbesondere während ihrer Bildung […]"[255]

Vom vorderen Teil der Großhirnrinde, in der die Prozesse der höchsten kognitiven Ebenen ablaufen, führen Nervenfasern zu einzelnen Kernen des Thalamus. David LaBerge vermutet, dass diese Kerne als Verstärker der Signale aus der Großhirnrinde wirken, und dass kognitive Prozesse die Aufmerksamkeit über diese Verbindung sowie das aufsteigende retikuläre Aktivierungssystem gezielt beeinflussen können.[256] Eine wichtige Rolle scheint dabei der Nucleus reticularis zu spielen, der den Thalamus schalenartig umgibt. Nach Ansicht von Frank Rösler wirkt die Verschaltung in diesem Kern wie ein Gatter, in dem immer ein Bereich für die

---

[254] Christof Koch: Bewusstsein, Kapitel 19, Seite 339

[255] Christof Koch: Bewusstsein – ein neurobiologisches Rätsel, Kapitel 19, Seite 339

[256] Zitiert nach Merlin Donald: Triumph des Bewusstseins – Die Evolution des menschlichen Geistes, Kapitel 4, Seite 206

Informationsweiterleitung an die Großhirnrinde geöffnet ist, während die anderen Bereiche geschlossen sind. „Das geöffnete Gatter im Nucleus reticularis definiert den Fokus der Aufmerksamkeit."[257]

Die Erregungsmuster neuronaler Netze sind über große Teile des Gehirns verteilt und in hohem Maße parallelisiert. In jedem Augenblick sind immer viele Erregungsmuster aktiv, wobei mehrere Muster, aber nicht alle, um Aufmerksamkeit konkurrieren. Zu einer Aktion bzw. zur Bewusstwerdung eines Inhalts scheint es dann zu kommen, wenn ein Erregungsmuster ein „hinreichendes Maß an Konsistenz" erreicht.[258] Inhalte, denen keine Aufmerksamkeit gewidmet wird, werden nicht bewusst.

„Wenn die Aufmerksamkeit auf ein bestimmtes Teilsystem des Gehirns gelegt wird, um es für die Verarbeitung erwarteter Signale vorzubereiten, findet sich eine Zunahme synchroner Gamma-Oszillationen in diesem System. [...] Wir vermuten, dass dieses Einschwingen in synchrone Oszillationen die Kommunikation zwischen diesen Arealen selektiv verbessert und für die notwendige Koordination zwischen sensorischen und exekutiven Strukturen sorgt."[259] „Synchronisierte und rhythmische Entladungen von Aktionspotentialen (insbesondere auf dem 30- bis 60-Hz-Band) kann möglicherweise die postsynaptische Wirkung von Neuronen – ihre Schlagkraft – erhöhen, ohne dabei zwangsläufig ihre durchschnittliche Feuerrate zu erhöhen [...]. Aufmerksamkeit könnte den Wettbewerb zwischen Koalitionen beeinflussen, indem sie den Grad der Synchronie zwischen den Neuronen innerhalb der Koalition moduliert [...]."[260]

Die Frequenz der Gamma-Oszillationen hat dieselbe Größenordnung wie die Frequenz der Oszillation, die nach Ernst Pöppel der bewussten Verarbeitung von Ereignissen zugrunde liegt (25–33 Hertz).[261] Auch wenn die Frequenzangaben etwas voneinander abweichen, liegt es nahe zu vermuten, dass die bewusste Verarbeitung durch die Hirnschrittmacher-Funktion des aufsteigenden

---

[257] Frank Rösler: Psychophysiologie der Kognition, Kapitel 4, Seite 107

[258] Wolf Singer: Bindungsprobleme – Neurobiologische Überlegungen, Hörbuch auf CD, Teil 2

[259] Wolf Singer, Matthieu Ricard: Hirnforschung und Meditation – Ein Dialog, Seite 53, 54

[260] Christof Koch: Bewusstsein, Kapitel 19, Seite 340

[261] Siehe Abschnitt „Reaktions- und Verarbeitungszeiten"

retikulären Aktivierungssystems (im Wachzustand 30–40 Hertz) getaktet wird. Demnach können je Sekunde maximal so viele Inhalte bewusst werden, wie es die Taktfrequenz des Hirnschrittmachers vorgibt.

8.11.3 Das Proto-Selbst

Das Gehirn ist mit dem Körper sowohl über sensorische, motorische und vegetative Nervenbahnen als auch über den Blutkreislauf verbunden. Mittels neuronaler Impulse, Hormonen, Neurotransmittern etc. ist ständig ein komplexes Geflecht an Regelkreisen aktiv, um die Körperfunktionen in einem für das Überleben notwendigen Normbereich zu halten. Nach Ansicht von A.R. Damasio bilden der Körper und seine Überlebens-Regularien die entscheidende Voraussetzung, damit das Bewusstsein eines Ich – A.R. Damasio verwendet den Begriff *Selbst* – erst entstehen kann.

„Zu den Spezifikationen des Überlebens […] gehören: eine Grenze; eine innere Struktur; eine dispositionale Organisation für die Regulierung innerer Zustände, die die Aufgabe hat, das Leben aufrechtzuerhalten; eine schmale Schwankungsbreite der inneren Zustände, so dass sie relativ stabil sind. […] Der Gedanke ist überzeugend, dass die Konstanz des inneren Milieus ein entscheidender Faktor für die Erhaltung des Lebens ist *und* zugleich als Entwurf und Ansatzpunkt für das dient, was später ein Selbst im Geist wird."[262]

„Fortlaufend hat das Gehirn die dynamische Repräsentation einer Entität zur Verfügung, die nur ein begrenztes Spektrum von möglichen Zuständen aufweist – den Körper"[263] Diese Aussage deckt sich mit den Überlegungen von Thomas Metzinger und von Merlin Donald, in denen das Körpermodell bzw. das Körperselbst den Kern des Selbstmodells bzw. des Selbst-Systems darstellt.

Das neuronale Korrelat dieses *Selbst* nennt A.R. Damasio *Proto-Selbst. „Das Proto-Selbst besteht aus einer zusammenhängenden Sammlung von neuronalen Mustern, die den physischen Zustand des Organismus in seinen vielen Dimensionen fortlaufend abbildet* [Kursivsetzung durch A.R. Damasio]."[264] Diese Muster verteilen sich über mehrere Gehirnstrukturen:

---

[262] A.R. Damasio: Ich fühle, also bin ich, 5. Kapitel, Seite 166, 167
[263] A.R. Damasio: Ich fühle, also bin ich, 5. Kapitel, Seite 173
[264] A.R. Damasio: Ich fühle, also bin ich, 5. Kapitel, Seite 187

- verschiedene Kerne des Hirnstamms, die Körperzustände regulieren oder Körpersignale repräsentieren;
- den Hypothalamus, der den Zustand des inneren Milieus registriert;
- einige Bereiche der Großhirnrinde (*insulärer* und *medial parietaler Cortex*), die den inneren Zustand des Organismus und den Plan des Bewegungsapparats abbilden.

Das Proto-Selbst ist eine Beschreibung relativ stabiler Aspekte des Organismus, die von Augenblick zu Augenblick rekonstruiert wird. Es ist nicht bewusst, erzeugt aber Gefühle, die den Körper betreffen.[265]

8.11.4 Das Kernbewusstsein

Der Körper ist laut Antonio R. Damasio durch das Proto-Selbst in sensomotorischen *Karten erster Ordnung* repräsentiert. Die ein Objekt betreffenden Prozesse bewirken Veränderungen in den Karten des Proto-Selbst. Als Beziehung zwischen dem Organismus und Objekten werden sie in *Karten zweiter Ordnung* abgelegt. Sie stellen dar, wie der Körper von Geschehnissen der äußeren und inneren Welt beeinflusst wird. Weil sowohl das Proto-Selbst als auch die Karten zweiter Ordnung körperbezogen sind, beschreiben diese neuronalen Beziehungen Gefühle.

Aufgrund von Erkenntnissen, die sich aus Schädigungen der Gehirne einiger Patienten ergeben, vermutet A.R. Damasio, dass folgende Areale Träger der Karten zweiter Ordnung sind[266]:

- die gesamte Region des *cingulären Cortex*;
- der Thalamus;
- die zwillingshügeligen Strukturen im hinteren Teil des Mittelhirns, den *Colliculi superiores*.

Aus der Interaktion der neuronalen Repräsentationen des Organismus und beliebigen Objekten resultiert eine Form von Bewusstsein. „*Kernbewusstsein liegt vor, wenn die Repräsentationsmechanismen des Gehirns einen vorgestellten, nicht sprachlichen Bericht erzeugen, in dem niedergelegt ist, wie der eigene Zustand des Organismus davon beeinflusst wird, dass er ein Objekt verarbeitet, und wenn dieser Prozess die Vorstellung von dem verursachenden Objekt verstärkt, so dass es in einem räumlichen und zeitlichen Kontext hervorgehoben wird.* [Kursivsetzung durch A.R.

---

[265] A.R. Damasio: Selbst ist der Mensch – Körper, Geist und die Entstehung des menschlichen Bewusstseins, Kapitel 8, Seite 194
[266] A.R. Damasio: Ich fühle, also bin ich, 6. Kapitel, Seite 218, 219

Damasio]"[267] Ein Ergebnis dieses nichtsprachlichen Berichts ist das Gefühl des Erkennens.

Im Gegensatz zum Proto-Selbst ist das *gefühlte Kernselbst*, das aus dem nichtsprachlichen Bericht zweiter Ordnung resultiert, bewusst. „[Das Kernselbst] [...] wird für jedes Objekt erzeugt, das den Mechanismus des Kernbewusstseins auslöst. Da ständig auslösende Objekte vorhanden sind, wird es fortlaufend erzeugt und erscheint daher dauerhaft in der Zeit."[268]

Das *autobiografische Selbst* besitzt ein autobiografisches Gedächtnis. Um die gespeicherten Inhalte zu erinnern, ist es auf das Kernbewusstsein angewiesen. „Jede reaktivierte Erinnerung wirkt als Zu-Erkennendes und erzeugt ihr eigenes pulsierendes Kernbewusstsein. Das Ergebnis ist das autobiografische Selbst, dessen wir uns bewusst sind."[269]

Mit dem autobiografischen Selbst entsteht eine neue Form des Bewusstseins: das *erweiterte Bewusstsein*. Es ist nicht an Sprache gekoppelt. „Im Kernbewusstsein erwächst der Selbst-Sinn aus dem subtilen, flüchtigen Gefühl des Erkennens, das mit jedem Puls neu geschaffen wird. Beim erweiterten Bewusstsein dagegen entsteht der Selbst-Sinn aus der schlüssigen, ständig wiederholten Darbietung von ausgewählten persönlichen Erinnerungen, den Objekten unserer persönlichen Vergangenheit [...]."[270]

Primäre Emotionen sind mit dem Kernbewusstsein verknüpft, während sekundäre Emotionen nur bei intaktem erweitertem Bewusstsein verfügbar sind.

8.11.5 Das primäre Bewusstsein

Unter *primärem Bewusstsein* verstehen G.M. Edelman und G. Tononi die Fähigkeit, viele Informationen, die in jedem Augenblick benötigt werden, um das Verhalten eines Individuums zu steuern, integrieren zu können. Sie nennen vier Voraussetzungen für ein primäres Bewusstsein:[271]

- Erstens muss das Individuum dazu in der Lage sein, Wahrnehmungen zu kategorisieren, also Klassen von Wahrnehmungen

---

[267] A.R. Damasio: Ich fühle, also bin ich, 6. Kapitel, Seite 205

[268] A.R. Damasio: Ich fühle, also bin ich, 6. Kapitel, Seite 212

[269] A.R. Damasio: Ich fühle, also bin ich, 6. Kapitel, Seite 211

[270] A.R. Damasio: Ich fühle, also bin ich, 7. Kapitel, Seite 237

[271] G.M. Edelman, G. Tononi: Gehirn und Geist, Kapitel 9, Seite 141-153

zu bilden, und einzelne Wahrnehmungen solchen Klassen zu-zuordnen.

- Zweitens benötigt es die Fähigkeit, Konzepte und Begriffe bilden zu können. Dazu müssen aus verschiedenen Wahrnehmungen oder Ereignissen gleichartige Muster abstrahiert, z.B. die Merkmale, die allen Gesichtern gemeinsam sind, und verschiedene Wahrnehmungskategorisierungen, einen Gegenstand oder ein Ereignis betreffend, kombiniert werden.

- Drittens muss es ein sogenanntes *Wertekategorien-Gedächtnis* besitzen, das Signale aus der Außenwelt oder anderen Teilen des Gehirns selektiv nutzen kann, um aus der Fülle der kombinatorisch möglichen Informationen einige wenige auszuwählen. Bei der Speicherung und beim Abruf sind Bewertungssysteme beteiligt: Fallen Bewertungen positiv aus, wird eine Erinnerung verfestigt, im anderen Fall nicht.[272]

- Viertens muss die Möglichkeit bestehen, viele Karten des Gehirns kurzfristig über sogenannte *reentrante Wechselwirkungen* auf Zeit zu verschalten, so dass sie kohärent zusammenarbeiten. Dieser Mechanismus bewirkt eine integrierte Wahrnehmung, die viele Modalitäten umfassen kann.

Entscheidend für die Einheit und Integration dieser Art von Bewusstsein sind *reentrante Interaktionen* bzw. *reentrante Prozesse*. Reentrante Prozesse synchronisieren offenbar nicht nur neuronale Gruppen, sondern auch größere Einheiten wie beispielsweise Karten über viele parallel geschaltete, wechselseitige Verbindungen mittels eines fortgesetzten, parallelen und rekursiven Signalaustauschs.[273] Reentrante Prozesse sind keine *Rückkopplungen*, die auf einer einzigen Schleife verschalteter Fasern basieren, um beispielsweise Fehler zurückzumelden, sondern sie erzeugen zeitlich kohärente Ergebnisse ohne übergeordnete Steuerung.[274]

So werden z.B. Qualitäten wie Farben, Formen etc., auf die jeweils einzelne Neuronen-Gruppen ansprechen, in der bewussten Erfahrung zu einem einheitlichen Bild verschmolzen. Der Begriff *Qualität* impliziert, dass bestimmte Inhalte durch einen integrie-

---

[272] G.M. Edelman, G. Tononi: Gehirn und Geist, Kapitel 8, Seite 134 und Kapitel 9, Seite 145

[273] Dabei dürfte es sich um denselben Mechanismus handeln, der im Abschnitt „Kognitive Leistungen" als *wechselseitiger* oder *reziproker Informationsaustausch* bezeichnet worden ist.

[274] G.M. Edelman, G. Tononi: Gehirn und Geist, Kapitel 7, Seite 117, 118

renden Prozess als Eigenschaften des Ergebnisses der Integration erscheinen, und nicht isoliert präsentiert werden. Deswegen können wir uns die Farbe Rot isoliert ohne jeglichen anderen Eindruck nicht vorstellen. Farbe ist immer verknüpft mit weiteren Qualitäten, wie sie Gegenstände aufweisen, insbesondere mit Formen.

In der Evolution kam es beim Übergang zwischen Reptilien und Säugetieren zu massiven reentranten Verknüpfungen zwischen den Arealen, die für die Wahrnehmungskategorisierung und solchen, die für das Wertvorgaben-Gedächtnis zuständig sind. „Die Fähigkeit eines Tieres, Ereignisse und Signale aus der Außenwelt zu verknüpfen [...] und daraus mittels reentranter Verbindungen zum Wertekategorien-Gedächtnis eine kohärente Szene [...] erstehen zu lassen, die zu der eigenen erlernten Historie in Zusammenhang steht, bildet die Grundlage für das Entstehen von primärem Bewusstsein."[275]

„Die thalamokortikalen Schaltkreise, die diese reentranten Wechselwirkungen vermitteln, haben ihren Ursprung in den Hauptuntereinheiten des Thalamus: den sogenannten Thalamuskernen, dem Nucleus reticularis und den intralaminaren Kernen. Diese Kerne sind mit dem Cortex reentrant verknüpft. Sie kommunizieren nicht direkt miteinander, sondern der retikuläre Kern unterhält zu den anderen Kernen [...] Verbindungen und vermag verschiedene Aktivitätskombinationen zu selektionieren und einzurichten. Der intralaminare Kern sendet verschiedene Projektionen in die meisten Areale der Großhirnrinde und trägt dazu bei, deren Aktivität insgesamt zu synchronisieren. Alle diese thalamokortikalen Strukturen und deren reziproke Verbindungen untereinander bewirken über reentrante Wechselwirkungen die Entstehung einer bewussten Szene [...]."[276]

8.11.6 Das höhere Bewusstsein

Einen neuronalen Prozess, der sich in großen Teilen des Gehirns abspielt, nicht an einem einzigen Ort lokalisiert ist, unablässig Teilprozesse integriert und andere Teilprozesse aus dem Prozess entfernt, bezeichnen G.M. Edelman und G. Tononi als *dynamisches Kerngefüge*. Ein derartiger Prozess erzielt mittels reentran-

---

[275] G.M. Edelman, G. Tononi: Gehirn und Geist, Kapitel 9, Seite 150
[276] G.M. Edelman, G. Tononi: Gehirn und Geist, Kapitel 9, Seite 148

ter Interaktionen in einem weiträumig organisierten, stark wechselwirkenden neuronalen Netz innerhalb weniger Zehntelsekunden ein hohes Maß an Integration bei gleichzeitiger hoher Komplexität[277], innerer Kohärenz und Isolation nach außen.

Eine Neuronen-Gruppe kann zu einem Zeitpunkt am Kerngefüge beteiligt sein, zu einem anderen Zeitpunkt nicht. Es können nicht alle Neuronen-Gruppen in das dynamische Kerngefüge integriert werden, auch nicht temporär, denn parallel dazu laufen verschiedene Prozesse ab, die niemals bewusst werden wie z.B. die Regulation des Blutdrucks. Ob es auch so etwas wie ein „Splitter-Kerngefüge" geben kann, dessen Inhalte normalerweise nicht bewusst sind, diese Frage kann derzeit noch nicht mit Sicherheit beantwortet werden.

Das dynamische Kerngefüge besitzt Eingänge, z.B. von Neuronen, die Sinneswahrnehmungen verarbeiten, und Ausgänge, z.B. zu den Neuronen, die Handlungen veranlassen. Außerdem gibt es Mechanismen, die Routineabläufe wie z.B. das Schalten beim Autofahren automatisieren. Dazu werden neuronale Schleifen, ausgehend von der Großhirnrinde über die Basalganglien zum Thalamus und zurück zur Großhirnrinde, gebildet.

„Ein Tier mit einem primären Bewusstsein vermag auf der Basis reentranter Aktivitäten innerhalb seines dynamischen Kerngefüges in seinem Kopf ein »geistiges Bild«, eine Szene, entstehen zu lassen. […] Ein solches Tier verfügt über eine biologische Identität, nicht aber über ein wahres Selbst, kein sich seiner selbst gewärtiges Ich. Es verfügt zwar über eine erinnerte Gegenwart, unterhalten von der zeitgetreuen Aktivität des dynamischen Kerns, hat aber keinerlei Begriff von Gegenwart und Zukunft. Diese Begriffe ergaben sich erst, als sich im Laufe der Evolution semantische Fertigkeiten entwickelt hatten – die Fähigkeit, Gefühle auszudrücken und mit symbolischen Mitteln Bezug auf Gegenstände und Ereignisse zu nehmen."[278]

Dieses mit dem Menschen neu entstandene Bewusstsein wird von G.M. Edelman und G. Tononi als *höheres Bewusstsein*[279] oder

---

[277] Wie die Begriffe Integration und Komplexität präzisiert werden können, siehe G.M. Edelman, G. Tononi: Gehirn und Geist, Kapitel 10 und Kapitel 11

[278] G.M. Edelman, G. Tononi: Gehirn und Geist, Kapitel 15, Seite 264

[279] Die Konzepte des primären und höheren Bewusstseins lassen sich nicht auf einfache Weise auf die Konzepte des Proto-Selbst, Kern- und erweiterten Bewusstseins abbilden; siehe A.R. Damasio: Descartes' Irrtum, Kapitel 10, Seite 324.

Bewusstsein höherer Ordnung bezeichnet. „Wie im Falle des primären Bewusstseins bildete auch bei der Evolution von Bewusstsein höherer Ordnung die Entwicklung eines besonderen Systems von reentranten Verknüpfungen – dieses Mal zwischen den für Sprache zuständigen Gehirnsystemen [...] und den bestehenden begriffsbildenden Regionen des Gehirns – ein Schlüsselereignis."[280] „Die Aneignung einer neuen, zunächst von semantischen Fähigkeiten und schließlich von Sprache geprägten Art von Gedächtnis führte zu einer begrifflichen Explosion. In der Folge werden Konzepte wie Selbst, Vergangenheit und Zukunft mit dem primären Bewusstsein verknüpft. Es wird möglich, sich des eigenen Bewusstseins bewusst zu werden."[281]

8.11.7 Die evolutionäre Struktur des Ich-Bewusstseins

Die Erkenntnisse der Gehirnforschung und der Verhaltensbiologie deuten darauf hin, dass im Laufe der Evolution mehrere aufeinander aufbauende Formen des Erkenntnisapparats entstanden sind, um die Überlebenschancen für Individuen zu erhöhen. „Evolutionär gesehen ist der älteste Entscheidungsapparat für die fundamentale biologische Reaktion zuständig, dann kommt der Apparat für den persönlichen und sozialen Bereich, und die jüngste Errungenschaft sorgt für eine Reihe abstrakt-symbolischer Operationen, zu denen das künstlerische und wissenschaftliche Denken, das utilitaristisch-technische Denken und die Entwicklung von Sprache und Mathematik gehören."[282]
Weil auch Säugetieren und Vögeln ein Bewusstsein zugeschrieben werden kann, liegt es nahe zu vermuten, dass es einen Mindestumfang geistiger Funktionen gibt, die ausschließlich das innere Abbild des Geschehens *beobachten*[283], und damit bewusstes Erleben ermöglichen. Zunehmend komplexere Bewusstseinszustände haben sich herausgebildet, als diese Funktionen schrittweise mit neu erworbenen kognitiven Fähigkeiten verknüpft worden sind, etwa in der Art, wie es einige Beschreibungen in den vorangehenden Abschnitten nahelegen. Sofern dies zutrifft, sind die

---

[280] G.M. Edelman, G. Tononi: Gehirn und Geist, Kapitel 15, Seite 264
[281] G.M. Edelman, G. Tononi: Gehirn und Geist, Kapitel 15, Abb. 15.1, Seite 265
[282] Antonio R. Damasio: Descartes' Irrtum, 8. Kapitel, Seite 260
[283] A.R. Damasio spricht von *Zeuge* oder *Protagonist*; siehe: Selbst ist der Mensch – Körper, Geist und die Entstehung des menschlichen Bewusstseins, Kapitel 1, Seite 24.

Kernfunktionen dessen, was Bewusstheit ausmacht, wohl in den stammesgeschichtlich älteren Teilen des Gehirns zu suchen.

In Analogie zur körperlichen Entwicklung des Fötus bis zum Erwachsenen ist anzunehmen, dass sich die geistigen Funktionen parallel zu den Gehirnstrukturen entfalten. Während des kindlichen Entwicklungsprozesses werden die für das Leben in der Gemeinschaft erforderlichen Kenntnisse und Fähigkeiten durch kulturelle Traditionen vermittelt.[284] Offenbar lernen Kinder dabei, die geistigen Funktionen und Mechanismen des Nervensystems auf geringfügig andere Weise zu nutzen, als es durch die biologische Evolution ursprünglich angelegt ist. Die auf diese Weise erreichte Stufe, das höhere Bewusstsein, das in dieser Abhandlung mit Ich-Bewusstsein bezeichnet wird, ist so gesehen eine *kulturell bedingte Fulguration* oder *Emergenz*.

Einige Gehirnforscher vermuten, dass evolutionsgeschichtlich ältere Bewusstseinszustände mit mystischen Erfahrungen zu tun haben. „Es ist ein Paradoxon, dass wir uns als bewusste menschliche Wesen nicht völlig von unserem Bewusstsein höherer Ordnung befreien und nur dem unablässig dahineilenden, durch äußere Ereignisse getriebenen Strom unseres primären Bewusstseins hingeben können. Tatsächlich ist dies womöglich der Zustand, den Mystiker in ihren Gebeten anstreben."[285] Jedenfalls verschwindet das Ich-Bewusstsein in der spirituellen Erfahrung, und es öffnet sich ein anderer Bewusstseinszustand: das Wesen.

---

[284] Siehe Kapitel „Erkenntnisse der Kognitionswissenschaften"
[285] G.M. Edelman, G. Tononi: Gehirn und Geist, Teil 6, Seite 261

9 Das Ich-Bewusstsein aus dem Blickwinkel der spirituellen Erfahrung

Die Untersuchungen von Jean Piaget, Merlin Donald und vielen anderen Wissenschaftlern belegen, dass der Mensch in der frühen Kindheit seine analytischen Fähigkeiten erwirbt – das „Inventarium der Vernunft" im Sinne Immanuel Kants. Aus den Überlegungen in den vorangegangenen Kapiteln ergibt sich ergänzend die Vermutung, dass sich in diesem Entwicklungsprozess auch eine andere Form des bewussten Erlebens herausbildet: das Ich-Bewusstsein.

Uns Erwachsenen fällt es schwer zu glauben, dass wir uns früher in einem anderen Bewusstseinszustand befunden haben, weil wir denken, dass wir uns daran erinnern müssten. Doch diese Ansicht ist trügerisch. „Wir erinnern uns nicht an die ersten zwei bis drei Lebensjahre, weil in dieser frühen Entwicklungsphase die Hirnstrukturen noch nicht ausgebildet sind, die zum Aufbau eines episodischen Gedächtnisses erforderlich sind. Es geht dabei um das Vermögen, Erlebtes in raumzeitliche Bezüge einzubetten und den gesamten Kontext des Lernvorgangs und nicht nur das Erlernte selbst zu erinnern. [...] Wir haben an den Verursachungsprozess keine Erinnerung. Und deshalb erscheinen uns die subjektiven Aspekte von Bewusstsein als immer schon dagewesen [...]."[286]

Wenn es gelänge, die im persönlichen Unbewussten gespeicherten Erinnerungen, insbesondere diejenigen der frühen Kindheit, wieder ins Bewusstsein zu rufen, müssten sich unter anderem Einblicke in die Vorgänge eröffnen, die zur Ausbildung des Ich-Bewusstseins geführt haben. Tatsächlich geschieht so etwas in der Selbst-Wesensschau. Dabei stellen sich nicht nur tiefe Einsichten, sondern auch überwältigende Gefühle ein, weil an der Ausprägung des Bewusstseins die ganze Person mit ihren Emotionen und körperlichen Funktionen beteiligt ist. Allerdings erleben nur wenige Menschen einen derartigen Durchbruch, denn es ist weder möglich, diese Erfahrung willentlich herbeizuführen, noch gibt es Methoden, mit der sie sicher erlangt werden kann.[287]

---

[286] Wolf Singer: Vom Gehirn zum Bewusstsein, Seite 52,53
[287] Einzelheiten werden im abschließenden Kapitel erläutert.

9.1   Interpretation spiritueller Aussagen

Ohne Kenntnis der Wesenswelt erschließen sich spirituelle Aussagen nur unvollkommen, weil Worte und Symbole keine Erfahrung in uns hervorrufen können. Auch die vergleichende Analyse der Quellen gestaltet sich schwierig, weil die Beschreibungen aus unterschiedlichen Kulturen stammen und zum Teil mehrere tausend Jahre alt sind. Gerade weil mit sprachlicher Überlieferung keine Erfahrung vermittelt werden kann, haben viele derartiger Aussagen im Laufe der Zeit Deutungen erhalten, die nicht mehr mit einem Bewusstseinszustand in Verbindung gebracht werden.

Aus diesem Grund ist auch anzunehmen, dass spirituelle Lehrer manchmal neue Bezeichnungen für das Wesen verwendet haben, um nicht missverstanden zu werden. So benutzt Jesus überwiegend die Begriffe *Himmelreich* oder *Reich Gottes* und weniger die in der jüdischen Tradition wohl geläufigeren Begriffe *Paradies* oder *Garten Eden*. Dass er damit die Wesenswelt meint, darauf deutet meiner Meinung nach folgende Aussage hin: „Das Reich Gottes kommt nicht von äußerlichen Gebärden; man wird auch nicht sagen: Siehe hier! oder: da ist es! Denn sehet, das Reich Gottes ist inwendig in euch."[288]

Wenn man Bestätigungen zu wissenschaftlichen Thesen finden will, muss man sich also von der aktuellen Bedeutung der verwendeten Begriffe lösen und prüfen, inwieweit die jeweils geschilderten Einzelheiten zu den dargelegten Thesen passen.[289]

In einem Kommentar zu einem Ereignis aus den Überlieferungen des Zen-Buddhismus bezieht sich Zen-Meister Yamada Kuon Roshi auf die Schöpfungsgeschichte: „Menschliches Bewusstsein entsteht aus der Gegenüberstellung von Subjekt und Objekt. Als Neugeborene sind wir noch wie im Paradies. Mit der Entwicklung von Bewusstsein und Intelligenz beginnt auch das Leiden, was der Vertreibung aus dem Paradies gleichkommt."[290]

Dass wir uns in der Kindheit in einem anderen Bewusstseinszustand befunden haben, darauf lässt auch eine Aussage von Jesus schließen: „Lasst die Kinder zu mir kommen und wehrt ihnen nicht, denn für solche ist das Reich Gottes. Wahrlich, ich sage

---

[288] Neues Testament der Bibel, Lukas-Evangelium, Kapitel 17., Verse 20., 21.

[289] Etwa in dem Sinne der *strukturellen Kopplung* von N. Luhmann

[290] Yamada Kuon Roshi: Teishos zum Hekiganroku (Die Niederschrift vom blauen Fels): Band 2, 53. Fall, Seite 35

Euch: Wer das Reich Gottes nicht annimmt wie ein Kind, wird nicht hineingelangen.“[291] In die Begrifflichkeit der Abhandlung übertragen bedeutet das, dass Kinder sich im Zustand des Wesens befinden, während Erwachsene den Zugang dazu zwar verloren haben, ihn aber prinzipiell wieder erlangen können.

Das Wesen öffnet sich, wenn die Mechanismen wegfallen, die das Ich aufrechterhalten. Als lebensfähiges System innerhalb des menschlichen Geistes kann das Ich ja sterben[292], ohne dass der beherbergende Organismus stirbt. In einem seiner Briefe schreibt Zen-Meister Bassui: „Ursprung von Geburt-und-Tod sind Verblendung und Eigenwille, was da Ich-Geist, der Geist des Ich, genannt wird. [...] Das Wesentlichste bei der Erleuchtung ist, daß das Ich zunichte wird.“[293] Dieser Vorgang wird auch mit *Töten* umschrieben, weil er zum *Tod des Ich* (oder *Tod des Ego*) führt. „Im Zen ist mit Töten immer das Töten unserer Konzepte, Ideen, Gedanken und Gefühle gemeint, die aus der Illusion des grundlegenden Gegensatzes von Subjekt und Objekt hervorgehen.“[294]

Der Tod des Ich wird nur sehr selten erfahren, weil das Ego als lebensfähiges System bestrebt ist, seinen Tod so weit als möglich hinauszuschieben. Als eigenständiges System beherrscht es viele Mechanismen und Tricks, die es am Leben erhalten.[295] Spontan tritt der Tod des Ego allenfalls nach einem sehr schmerzvollen psychischen Erlebnis oder in Todesgefahr ein. Im zweiten Fall wird das Erlebnis auch Nahtod-Erfahrung genannt.

Beim Tod des Ego verschwinden die im Laufe des Lebens erworbenen Gedächtnisinhalte nicht, sondern es ändert sich die Art des Erlebens. Auch die einmal erlernten Fähigkeiten gehen nicht verloren, weil jederzeit wieder in das Ich-Bewusstsein gewechselt werden kann. Deswegen kann auch das Ego beliebig oft sterben, solange nicht gleichzeitig der physische Tod des Menschen eintritt. „Indem der weise Mann zu tausendmalen stirbt, er durch die Wahrheit selbst um tausend Leben wirbt.“[296]

---

[291] Neues Testament der Bibel, Lukas-Evangelium, Kapitel 18., Verse 15.-17.

[292] Siehe Abschnitt „Lebensfähige Systeme“ im Kapitel „Konzepte aus der Perspektive des Systemdenkens“

[293] Zitiert nach Philip Kapleau: Die drei Pfeiler des Zen, Viertes Kapitel, Seite 261

[294] Yamada Kuon Roshi: Teishos zum Hekiganroku (Die Niederschrift vom blauen Fels): Band 2, 53. Fall, Seite 35

[295] Eine ausführliche Beschreibung solcher Vorgänge findet sich bei Eckhart Tolle: Eine neue Erde, Kapitel 2, 3 und 4.

[296] Angelus Silesius: Der Cherubinische Wandersmann, Erstes Buch, Vers 27.

Das Ich-Bewusstsein ermöglicht dem Menschen das unterscheidende, begriffliche Denken, auf dem die Fähigkeit zur objektiven Erkenntnis beruht. Objektive Erkenntnisse sind verlockend, weil der Mensch damit Situationen in seinem Sinne bewerten und zu seinen Gunsten verändern kann: „Ihr werdet sein wie Gott und wissen, was gut und böse ist"[297]. Vor diesem *Sündenfall* wird gewarnt: „[...] am Tage, da du davon [von den Früchten des Baumes der Erkenntnis] issest, musst du sicher sterben"[298]. Hier kann nur der psychische Tod gemeint sein: Wer objektive Erkenntnisse erwirbt oder nutzt, entwickelt unvermeidlich ein Ego, das sterben muss, um in den Zustand des Wesens gelangen zu können.

Um Vorstellungen aufrechtzuerhalten, die das Ich oder Ego von sich selbst hat, kann es auch gegen die vom Wesen vermittelten Inhalte agieren. Die aus der Perspektive des Wesens nicht angemessenen Aktionen – in der Bibel *Sünden* genannt – werden ins persönliche Unbewusste verdrängt. In der Folge beeinflussen sie das Verhalten, ohne dass es der jeweiligen Person bewusst wird. Weil der Erwerb des Ich-Bewusstseins unvermeidlich und unauflöslich mit derartigem Fehlverhalten verknüpft ist, bildet das durch die menschliche Gemeinschaft gesteuerte Erlernen der Mechanismen objektiver Erkenntnis den Ausgangspunkt aller Sünden, oder in der Sprache der Bibel: die *Erbsünde*.

9.2 Bestätigung einiger wissenschaftlicher Erkenntnisse durch die spirituelle Erfahrung

Sofern es zutrifft, dass das Ich-Bewusstsein auf einem ständig aktiven dynamischen Kerngefüge beruht, müsste es schlagartig verschwinden, wenn dieser neuronale Prozess in sich zusammenfällt. Diese Situation könnte beispielsweise eintreten, wenn die Voraussetzungen wegfallen, die bewirken, dass ein so umfangreicher neuronaler Prozess wie ein dynamisches Kerngefüge aufrechterhalten werden kann. Tatsächlich vollzieht sich der Durchbruch zum Wesen innerhalb von Sekundenbruchteilen.

Im Bewusstseinszustand, der sich bei diesem Vorgang öffnet, werden Sinnesreize spürbar früher wahrgenommen als im Ich-Bewusstsein. Dieser Eindruck bestätigt die experimentellen Ergebnisse, dass zwischen dem Eintreffen einer Sinneswahrnehmung

---

[297] Altes Testament, 1. Buch Mose Kapitel 3., Vers 5
[298] 1. Buch Mose Kapitel 2., Vers 17.

im Gehirn und dem Bewusstwerden des betreffenden Ereignisses im gewohnten Bewusstseinszustand eine gewisse Zeitspanne verstreicht.

Im Zustand des Wesens wird das geistige Geschehen weniger integriert erlebt. Darüber hinaus sollten auch einige der kognitiven Errungenschaften verschwinden, die in der frühen Kindheit erworben werden.[299] Tatsächlich fehlt im Wesen beispielsweise die gewohnte Zeitvorstellung: Die mentalen Geschehnisse finden in der *andauernden Gegenwart* statt.

9.3 Überlegungen zu den neurophysiologischen Korrelaten einzelner Aspekte der spirituellen Erfahrung

In der Selbst-Wesensschau eröffnen sich keine wissenschaftlichen Erkenntnisse, denn sie beruht nicht auf gedanklichen Vorstellungen, die sich in begrifflichem, objektivem Wissen ausdrücken. Wenn daher aus Aspekten der Erfahrung auf neuronale Korrelate geschlossen wird, handelt es sich um Vermutungen, die aus wissenschaftlicher Sicht erst noch verifiziert werden müssen.

Aus den wahrgenommenen geistigen Inhalten ergeben sich Anhaltspunkte, die mit physiologischen Sachverhalten in Verbindung gebracht werden können, beispielsweise an welcher Stelle des Körpers sie erfahren werden. Derartige Anhaltspunkte finden sich unter anderem in Beschreibungen von mystischen Erlebnissen oder Nahtod-Erfahrungen[300]. Wenn solche Vermutungen mit bekanntem Wissen verknüpft werden, lassen sich unter Berücksichtigung allgemeiner Prinzipien informationsverarbeitender Systeme, zu denen auch das Nervensystem zählt, weitere Hypothesen ableiten.

Wenn nachfolgend von bestimmten Stellen im Körper wie z.B. dem Nabelzentrum – in der Höhe des Bauchnabels an der Wirbelsäule gelegen – die Rede ist, ist der Ort gemeint, an der das jeweils beschriebene Geschehen erfahren wird. Dies muss nicht unbedingt der Ort sein, an dem die entsprechenden Prozesse ablaufen. Das Geschehen könnte auch mit Abbildern, also Reprä-

---

[299] Siehe Kapitel „Erkenntnisse der Kognitionswissenschaften"
[300] Bspw. Lama Anagarika Govinda: Grundlagen tibetischer Mystik, Vierter Teil oder Dr. med. Eben Alexander: Blick in die Ewigkeit – Die faszinierende Nahtoderfahrung eines Neurochirurgen, Kapitel 5, 7, 9, 12, 14, 18, 20, 22, 34.

sentationen des physischen Körpers im Gehirn verknüpft sein. Auch eine Kombination beider Möglichkeiten ist denkbar.

9.3.1 Anspannungen

Normalerweise nehmen wir nicht wahr, dass es anstrengend ist, den Zustand des Ich-Bewusstseins dauerhaft aufrechtzuerhalten: „Im Schweiße deines Angesichts sollst du dein Brot essen …“, heißt es in der Schöpfungsgeschichte.[301] Bei Kleinkindern kann man die Wirkung noch erkennen: Wenn sie lange Zeit intensiv, konzentriert und selbstvergessen gespielt haben, können sie in einen Zustand geraten, der in einigen Regionen Deutschlands als *überzwerch*[302] bezeichnet wird. Vermutlich finden die Kinder in solchen Situationen nicht in ihren gewohnten, entspannten Bewusstseinszustand zurück, sondern erfahren stattdessen den subtilen Schmerz der mit dem Ich-Bewusstsein verbundenen Anspannungen.

Während des Vorgangs, der zur Selbst-Wesensschau führt, werden nach und nach verschiedene Schichten derartiger Anspannungen spürbar. Physische Verspannungen der Rücken- und Nackenmuskulatur scheinen psychische Bahnen zu verschließen, die vom Nacken abwärts links und rechts des Zentrums der Wirbelsäule verlaufen. Die Lage dieser Bahnen im Körper lässt vermuten, dass sie mit den Grenzsträngen des vegetativen Nervensystems in Verbindung stehen.

Auffallend ist, dass auch die Spannung (*Tonus*) der bewusst beeinflussbaren Muskulatur stärker ist als nötig. Die Muskulatur der Finger und des Mundbereichs – und auch deren Spannung – sind umfangreicher repräsentiert als andere Körperteile. Vermutlich erhöht sich der Tonus beim Untersuchen von Gegenständen und beim Erlernen von Bewegungsabläufen indirekt durch die ungeteilte Konzentration, die nötig ist, um die durch andere innere oder äußere Ereignisse ausgelösten Impulse auszublenden oder in andere Bahnen zu lenken.

Besonders subtile Anspannungen rühren von psychisch stark belastenden Situationen her. Einerseits handelt es sich um Situationen, die zu Misserfolgserlebnissen oder Strafen geführt haben, wie sie bei der Anpassung an das soziale Umfeld unvermeidlich

---

[301] Altes Testament, 1. Buch Mose Kapitel 3., Vers 19

[302] Diese Aussage lässt sich m.E. so interpretieren, dass sich die Aufmerksamkeit über dem Zwerchfell fokussiert.

sind, andererseits um Situationen, in denen wir andere Menschen beeinträchtigt haben. Die meist verdrängten Ereignisse ziehen in einer späten Phase des Prozesses, der in die Selbst-Wesensschau münden kann, am inneren Auge vorüber.

Nach der Polyvagal-Theorie von Stephen Porges wird der physiologische Zustand des vegetativen Nervensystems und der evolutionsgeschichtlich älteren Teile des Gehirns durch soziale Kontakte mitbestimmt. Insbesondere lösen bedrohliche oder bedrohlich erscheinende Situationen über den Sympathikus unwillkürlich die Mechanismen des Kampf-/Flucht-Systems aus, die sich z.B. in Stressreaktionen oder Ängsten äußern.

Derartige Situationen kommen in den Industriegesellschaften schon deswegen häufig vor, weil im gesellschaftlichen Zusammenleben direkte und indirekte Kontakte mit sehr vielen Personen notwendig sind. Entsprechend häufig wird das Kampf-/ Flucht- bzw. Verteidigungssystem aktiviert.[303] Daher nehme ich an, dass der Zustand des vegetativen Nervensystems während der frühkindlichen Entwicklung nach und nach hochreguliert wird, so dass der Sympathikus bzw. einzelne seiner Komponenten stärker aktiviert bleiben als im Ruhezustand. Dieser Zustand könnte durch die Spannung (*Tonus*) bestimmter Rücken- oder Nackenmuskeln aufrechterhalten werden, der ja wiederum durch das Social Engagement System beeinflusst wird.[304]

Ein weiteres Indiz ist, dass bei intellektueller Beanspruchung einige Körperfunktionen verstärkt aktiviert werden, die der Sympathikus beeinflusst, insbesondere die Muskelspannung, der Blutdruck, die Herzschlagfrequenz und der Pupillendurchmesser.[305]

9.3.2 Geistige Zentren

Wenn sich – unerwartet und unvorhersehbar – die letzten subtilen Anspannungen lösen, wird blitzartig die Sicht auf die Wesenswelt frei. Der Strom des inneren Erlebens reißt dabei förmlich auf, und es können verschiedene Einzelheiten, unter anderem

---

[303] Siehe Abschnitt „Sozialverhalten und Nervensystem" im Kapitel „Erkenntnisse der Gehirnforschung"

[304] Außer Anspannungen in der Rücken- und Nackenmuskulatur könnten auch winzige innere Entzündungen, Veränderungen im Hormonsystem, oder Fremdorganismen, die sich in Organen des Menschen einnisten, beteiligt sein.

[305] Daniel Kahneman: Schnelles Denken, langsames Denken, Kapitel 1, Seite 32, und Kapitel 2, Seite 47

mehrere geistige Zentren, wahrgenommen werden. Dieser Vorgang wird als grenzenlose Befreiung erlebt und von starken Gefühlen der Dankbarkeit begleitet.

Die tibetische Mystik unterscheidet fünf geistige Zentren, die an verschiedenen Orten in der Nähe der Wirbelsäule lokalisiert sind: Hirn-, Kehl-, Herz-, Nabel- und Wurzelzentrum. Im indischen Kundalini-Yoga werden Hirn- und Wurzelzentrum jeweils noch in zwei Zentren unterteilt, so dass sich insgesamt sieben Zentren – auch *Chakren* genannt – ergeben.[306]

Die Lage der Kehl-, Herz-, Nabel- und der beiden Wurzelzentren deutet darauf hin, dass sie mit Nervenknoten des vegetativen Nervensystems bzw. der daran angeschlossenen Drüsen (insbesondere Schild- oder Nebenschild-, Thymus-, Nebennieren-, Geschlechtsdrüsen) zusammenhängen. Die Zentren liegen nicht alle genau in der Körpermitte. So ist das Herzzentrum[307] von der Wirbelsäule aus gesehen leicht nach rechts – entgegengesetzt zur Lage des physischen Herzens – versetzt.

Die beiden Hirnzentren werden oben am Kopf unter der Schädeldecke bzw. an der Stirn zwischen den Augen wahrgenommen. Das erste Zentrum könnte von seiner Lage her gesehen mit der Zirbeldrüse zusammenhängen. Das zweite Hirnzentrum könnte mit dem evolutionsgeschichtlich ältesten Sinn, dem Riechzentrum in Verbindung stehen, das einen direkten Zugang zu denjenigen Teilen des limbischen Systems besitzt, in denen Emotionen verarbeitet werden. Dafür spricht, dass bei der Lösung der unbewussten Anspannungen unter Umständen intensive Gerüche wahrgenommen werden.

9.3.3 Die Einheit des Erlebens

Die Selbst-Wesensschau zeigt, dass die Einheitlichkeit des inneren Erlebens nicht selbstverständlich ist, weil in diesem Zustand verschiedene Inhalte isoliert erscheinen. Daher ist anzunehmen, dass im Zuge der Ausprägung des Ich-Bewusstseins die Erlebnisinhalte zunehmend integriert werden.

---

[306] Lama Anagarika Govinda: Grundlagen tibetischer Mystik, Vierter Teil, insbesondere die Kapitel II., IV. und X.

[307] Wenn jemand emotional von sich redet und seine Rede gestisch unterstützt, deutet er manchmal unwillkürlich mit dem Zeigefinger seiner rechten Hand auf eine Stelle der Brust leicht rechts der Körpermitte, wenn er *Ich* sagt. Dahinter befindet sich das Herzzentrum, während das Herz links in der Brust liegt.

Nach G.M. Edelman und G. Tononi verschmelzen im höheren Bewusstsein die durch innere oder äußere Ereignisse angestoßenen neuronalen Kaskaden mittels reentranter Prozesse zu einem dynamischen Kerngefüge. Weil laufend etwas geschieht, ist das dynamische Kerngefüge dauerhaft aktiv. Diese Erkenntnisse korrespondieren mit dem inneren Erleben, das sich als einheitlicher Bewusstseinsstrom darstellt, dessen Inhalte in der zeitlichen Abfolge ständig wechseln. Der Schluss liegt nahe, dass im Ich-Bewusstsein nur Ergebnisse dieses Prozesses zugänglich sind.

Die Integrationsleistung wird indirekt durch die weiter oben erläuterten Anspannungen aufrechterhalten, denn sobald sich diese vollständig auflösen, verschwindet die Ich-Vorstellung.

Weitere Komponenten bzw. Mechanismen des Geistes korrespondieren mit spezifischen Eigenschaften des Ich-Bewusstseins, beispielsweise der Möglichkeit zur gezielten Auswahl der zu betrachtenden Inhalte. Dazu müssen die Aufmerksamkeit auf einzelne Ergebnisse des dynamischen Kerngefüges gerichtet und die im Augenblick nicht benötigten Inhalte der bewussten Wahrnehmung entzogen werden.[308]

9.3.4 Die Subjektivität des Erlebens

Ausgeblendet werden z.B. Informationen aus dem Körper, insbesondere aus den geistigen Zentren. In der Selbst-Wesensschau zeigt sich, dass die geistigen Zentren unterschiedliche emotionale Inhalte ausstrahlen, die im Zustand des Ich-Bewusstseins als Hintergrundstimmungen oder *psychische Tönungen* des seelischen Erlebens erscheinen.

Es ist daher anzunehmen, dass diese emotionalen Inhalte – zumindest teilweise – durch reentrante Prozesse des Ich-Bewusstseins erfasst und in den einheitlichen Strom des Erlebens integriert werden, und so zur subjektiven Färbung des inneren Geschehens beitragen.[309] Allerdings stehen die geistigen Zentren mit

---

[308] Weitere Hinweise finden sich in diesem Kapitel und in den bereits erläuterten Erkenntnissen; siehe insbesondere Abschnitt „Bewusstsein" im Kapitel „Erkenntnisse der Gehirnforschung". Ein einigermaßen zufriedenstellendes Gesamtbild ergibt sich meiner Ansicht nach leider noch nicht.

[309] Das Phänomen, das hier mit p*sychische Tönungen* bezeichnet wird, könnte mit den *ursprünglichen Gefühlen* nach A.R. Damasio und den in der philosophischen und neurobiologischen Diskussion als *Qualia* bezeichneten Anteilen des seelischen Erlebens zusammenhängen; siehe A.R. Damasio: Selbst ist der Mensch, Kapitel 8, Seite 204 und Kapitel 10, Seite 267-276.

stammesgeschichtlich älteren Teilen des Gehirns in Verbindung, also nicht direkt mit dem thalamokortikalen System. Wie gelangen deren Informationen in Areale, die an reentranten Prozessen teilhaben können?

Nach den Überlegungen A.R. Damasios werden Zustandsinformationen des Körpers – dazu dürften auch die Inhalte der geistigen Zentren gehören – als Beziehungen zwischen dem Organismus und Objekten in Karten zweiter Ordnung abgelegt, die im thalamokortikalen System liegen. Sie stellen dar, wie der Körper von Geschehnissen der äußeren und inneren Welt beeinflusst wird: sie beschreiben Gefühle.[310]

Während die Karten zweiter Ordnung von reentranten Prozessen prinzipiell erfasst werden können, gilt dies für die Karten erster Ordnung nicht. Sofern diese Überlegungen zutreffen, so sind dem Ich-Bewusstsein zwar die sekundären, nicht aber die primären Informationen zugänglich. Ein Preis der Integration bestünde demnach darin, dass wir uns nicht mehr in direktem Kontakt mit den tieferen Schichten in uns befänden.

9.3.5 Der innere Beobachter

Wie ist es möglich, dass aus neuronalen Entladungen die uns vertraute Form des Erlebens entsteht? Offensichtlich gibt es Mechanismen, die bewirken, dass neuronale Aktivitätsmuster des Gehirns als innere Bilder, Gedanken etc. erlebt werden.

Im Zustand des Wesens zeigt sich, dass das innere Geschehen durch eine Art *Beobachter* registriert wird. Da beim Durchbruch zum Wesen der Beobachter nicht wechselt, nehme ich an, dass in beiden Bewusstseinszuständen dieselbe Komponente aktiv ist, im Ich-Bewusstsein allerdings in den Erlebnisstrom integriert. Zu seiner Struktur lassen sich aus Sicht der spirituellen Erfahrung keine weiteren Angaben machen, weil sich diese Komponente nicht selbst wahrnehmen kann.

Ich halte es für plausibel, dass durch die Integration verschiedener neuronaler Prozesse im dynamischen Kerngefüge – resultierend aus Sinneswahrnehmungen, Gefühlen und Körper-Informationen sowie des inneren Beobachters – in der Introspektion eine als subjektiv erlebte Erste-Person-Perspektive entsteht.

---

[310] Siehe Abschnitt „Emotionen und Gefühle" im Kapitel „Erkenntnisse der Gehirnforschung"

9.3.6 Die Ich-Vorstellung

Der innere Beobachter interpretiert neuronale Prozesse, also Ausschnitte des vom Gehirn aktuell erzeugten Modells der Welt. Dies ist eine Voraussetzung dafür, um auf die Geschehnisse in der Umwelt angemessen reagieren zu können. Wir beobachten aber die Ereignisse um uns herum nicht nur, sondern wir erleben uns als aktiv inmitten des Weltgeschehens agierendes *Ich*. Daraus ergibt sich, dass die Vorstellungen über uns selbst auch Teil des Modells der Welt sind.

Das bedeutet, dass die Vorstellungen über uns selbst durch ein *Identifikationsmerkmal* von denjenigen Teilen des Modells der Welt abgegrenzt sein müssen, die wir als nicht zu uns gehörig betrachten. Zu den Identifikations-Mechanismen könnten ein Selbstgefühl, das aus der ständigen Wahrnehmung körperlicher Signale immer vorhanden ist, sowie Emotionen oder ein Bewertungssystem, die die entsprechenden Inhalte markieren[311], gehören.

9.3.7 Engpässe im Gehirn

Wie bei jedem informationsverarbeitenden System sind die Ressourcen des Gehirns begrenzt. Deswegen werden beispielsweise die von den Sinnesorganen übermittelten Informationen in einem mehrstufigen Prozess verdichtet, um ein vereinfachtes Abbild der Wirklichkeit zu erzeugen, mit dem dann geistige Prozesse praktikabel arbeiten können. Es ist davon auszugehen, dass sich mit dem Erwerb des Ich-Bewusstseins zusätzliche Kapazitätsengpässe ergeben, weil das Gehirn auf etwas andere Weise genutzt wird, als es sich in der biologischen Evolution herausgebildet hat.

Nach G.M. Edelman und G. Tononi werden im höheren Bewusstsein weitere Areale des thalamokortikalen Systems, insbesondere die Sprachzentren, in die Verarbeitung des dynamischen Kerngefüges einbezogen. Der für die Einbindung zusätzlicher Prozesse nötige Zeitaufwand könnte die Ursache für die verzögerte Wahrnehmung von Ereignissen im Ich-Bewusstsein sein.

Neben aufwendigeren Verarbeitungen könnten Engpässe aus der andersartigen Nutzung bestimmter Ressourcen des Nervensystems resultieren. Beispielsweise ist es denkbar, dass die relativ geringe Übertragungsrate auf dem Weg von den Exekutivfunktionen in der Großhirnrinde zu den entwicklungsgeschichtlich älte-

---

[311] Etwa im Sinne von A.R. Damasio

ren Teilen des Gehirns, z.B. zur willentlichen Steuerung der Aufmerksamkeit, die Anzahl der Ereignisse begrenzt, die innerhalb einer Zeitspanne bewusst werden können.

Das Gehirn gleicht Kapazitätsengpässe bis zu einem gewissen Grad dadurch aus, dass es vielfältige Verhaltens- und Denkmuster für das Leben im gesellschaftlichen und sozialen Umfeld speichert. In häufig wiederkehrenden Situationen reichen dann wenige Schlüsselinformationen aus, um die zugehörigen Repräsentationen zu aktivieren.[312] Vor der Anwendung derartiger Verhaltensmuster und Vorstellungen muss allerdings eine Bewertung oder begriffliche Einordnung[313] stattfinden, die wiederum Ressourcen des Gehirns beansprucht.

9.3.8 Verdrängung und Erinnerung

Auch der psychologische Mechanismus der *Verdrängung* trägt dazu bei, Kapazitätsengpässe zu vermeiden oder zu verringern. Erinnerungen an Ereignisse, die mit sehr starken negativen Emotionen besetzt sind, können die bewusste Verarbeitung des aktuellen Geschehens blockieren, so dass eine adäquate Reaktion auf wichtige äußere Ereignisse nicht mehr möglich ist. Derartige Blockaden werden vermieden, indem man sich an die entsprechenden Ereignisse nicht mehr erinnert.

In der Selbst-Wesensschau werden jedoch wieder Erinnerungen an Ereignisse wach, die längst in Vergessenheit geraten sind. Dabei handelt es sich vor allem um Situationen, in denen wir anderen Menschen etwas angetan oder selbst etwas erlitten haben. Offenbar werden sie unbewusst immer wieder aktiviert, da sonst die sie repräsentierenden neuronalen Verbindungen im Laufe der Zeit abgebaut würden.

Wenn verdrängte Inhalte – durch passende Auslöser – unwillkürlich aktiviert werden, belasten sie das Gehirn ähnlich wie unterdrückte Vorurteile, was sich durch verzögerte Reaktionen auf das aktuelle Geschehen bemerkbar macht.[314] Deswegen vermute ich, dass zunächst auf einer gewissen Ebene die Repräsentation der historischen Situation aktiviert wird, und dass anschließend

---

[312] Siehe Abschnitt „Kognitive Leistungen" im Kapitel „Erkenntnisse der Gehirnforschung"

[313] Niklas Luhmann nennt den Vorgang *unterscheidendes Beobachten*.

[314] Siehe beispielsweise Untersuchungen über Rassenvorurteile in den USA; Manfred Spitzer: Geist & Gehirn 2 – Vorurteile im Kopf

die unangenehmen Seiten der jeweiligen Situation oder das Geschehnis insgesamt ausgeblendet werden. Dies könnten automatisierte Filterfunktionen des Ich bewirken, die auch die Aufgabe haben, die Ich-Vorstellungen konsistent zu halten.

9.4 Überlastungen des physiologischen Apparats

Personen, die sich über einen längeren Zeitraum hinweg unter Druck setzen, um Anforderungen im Beruf, in der Familie, in der Gesellschaft etc. zu erfüllen oder selbstgesteckte Ziele zu erreichen, können an Burnout oder psychosomatischen Beschwerden erkranken. Durch den andauernden Druck werden offenbar das Stresssystem und das Immunsystem, die Teil des vegetativen Nervensystems bzw. eng damit verbunden sind, stark belastet.

Stress kann auch einige Autoimmunerkrankungen wie z.B. Multiple Sklerose oder Rheuma auslösen. Diese Erkrankungen beruhen auf einem Ungleichgewicht bestimmter Arten von Abwehrzellen, den sogenannten *T-Zellen*, die in der Thymusdrüse ausreifen.[315] Die Thymusdrüse steht in enger Verbindung mit einem Nervenknoten des vegetativen Nervensystems, dem Herzzentrum.[316] In der Selbst-Wesensschau wird es als Quelle des Mitfühlens erlebt, so dass es auch als *Herz der Psyche* bezeichnet werden kann.

Weil einerseits das vegetative Nervensystem dazu beiträgt, Anspannungen aufrecht zu erhalten, die dem Ich-Bewusstsein zugrunde liegen, und weil andererseits die Motivation, den inneren Druck zu erzeugen, vom Ich ausgeht, nehme ich an, dass in relativ entspannten wie in stressigen Situationen dieselben Mechanismen – in unterschiedlicher Intensität – aktiv sind. Einige Komponenten dürften eher für Ausnahmesituationen als für den Dauereinsatz ausgelegt sein, so dass derartige Erkrankungen mit zunehmendem Alter gehäuft auftreten müssten.

Wenn diese Annahme zutrifft, liegt die weitergehende Vermutung nahe, dass nachlassende intellektuelle Fähigkeiten, wie sie für verschiedene Formen der Alters-Demenz beschrieben werden, durch die Überbeanspruchung bzw. Ermüdung der vegetativen Komponenten, die zum Ich-Bewusstsein beitragen, ausgelöst wird. Für diese These sprechen neuere Erkenntnisse, die darauf

---

[315] Siehe Stichwort „Immunsystem" unter http://de.wikipedia.org
[316] Siehe Abschnitt „Geistige Zentren"

hindeuten, dass die Alzheimer-Krankheit unter anderem mit einer Störung des Immunsystems zusammenhängen könnte, weil sich Rheumamittel positiv auf den Krankheitsverlauf auswirken.[317]

Die Symptome der Alzheimer-Krankheit wie z.B. die verringerte Fähigkeit zu differenziertem sprachlichen Ausdruck, der Verlust der Planungs- und Handlungs-Kompetenz, Einschränkungen bei der Feinmotorik oder der Orientierung in Zeit und Raum, weisen Parallelen zu den Stufen auf, in denen sich das Bewusstsein während der frühkindlichen Entwicklung ausprägt.[318] Insgesamt sollen sich Alzheimer-Kranke mit dem Fortschritt der Krankheit in ihrem Verhalten zunehmend dem Verhalten von Kindern annähern.

9.5 Zusammenfassung der Aussagen

Die in den vorangegangen Abschnitten erläuterten Ansätze zur Erklärung einzelner Aspekte des menschlichen Bewusstseins sind allenfalls als Arbeitshypothesen zu betrachten, insbesondere weil

- die Hinweise aus der Introspektion noch nicht genügend von wissenschaftlichen Erkenntnissen gestützt werden,
- nicht immer klar ist, wie die körperlichen Komponenten und die geistigen Funktionen zusammenwirken,
- die Überlegungen zwar wichtige Punkte ansprechen, aber eine durchgängige Beschreibung nicht erkennbar ist.

Dennoch seien nachfolgend einige Thesen formuliert, die entweder schon wissenschaftlich verifiziert sind, oder die sich meiner Ansicht nach als weitgehend zutreffend erweisen werden:

1. Das Ich-Bewusstsein wird in früher Kindheit in einem kulturell gesteuerten Prozess unter aktiver Beteiligung des Kindes erworben. Ausgangspunkt ist der stammesgeschichtlich ältere Bewusstseinszustand des Menschen: das Wesen.

2. Im Zustand des Wesens werden verschiedene geistige Komponenten erkennbar, die im Ich-Bewusstsein nicht isoliert, sondern als Hintergrundgefühl oder Tönung des Erlebten erscheinen. Andererseits sind im Wesen einige Leistungen wie z.B. die gewohnte Zeitvorstellung nicht verfügbar.

---

[317] Siehe Stichwort „Rätsel Alzheimer – Suche nach einer Krankheitsursache" unter www.3sat.de sowie „Alzheimer-Krankheit" unter http://de.wikipedia.org
[318] Siehe Abschnitt „Die Ausprägung des Bewusstseins im frühen Kindesalter" im Kapitel „Erkenntnisse der Kognitionswissenschaften"

3. Sinneseindrücke werden im Zustand des Wesens rascher wahrgenommen als im normalen Bewusstseinszustand. Dieses Phänomen erklärt sich durch die längere Verarbeitungsdauer, die für die umfassendere Integration der Inhalte im Ich-Bewusstsein benötigt wird.

4. Die Mechanismen des Wesens bauen auf den entwicklungsgeschichtlich älteren Teilen des Nervensystems auf, insbesondere auf dem vegetativen Nervensystem, dem Hypothalamus, dem Hirnstamm und einigen Kernen des Thalamus.

5. Mit der Ausprägung des Ich-Bewusstseins bilden sich dauerhaft Anspannungen, die – unter Beteiligung einiger Komponenten des vegetativen Nervensystems und des Immunsystems – bewirken, dass die neuronalen Korrelate von Körperempfindungen und Emotionen in die integrierenden Mechanismen des thalamokortikalen Systems einbezogen werden können. Damit entsteht der einheitliche Strom des subjektiven Erlebens, wie er sich im Ich-Bewusstsein darstellt.

6. Im Zustand des Wesens scheint der innere Beobachter das thalamokortikale System quasi als Service-Einheit zu nutzen, während er im Ich-Bewusstsein von der Integrationswirkung reentranter Prozesse erfasst wird, so dass die mittels Sprache und begrifflichem Denken entwickelten Konzepte und Ich-Vorstellungen die Steuerung – von Ausnahmesituationen einmal abgesehen – übernehmen können.

7. Weil reentrante Prozesse unwillkürlich ablaufen, können nicht alle Motive, Konzepte und Vorstellungen, die an einer Bewertung oder Entscheidung beteiligt sind, bewusst registriert werden. Erst nachträgliche Reflexion oder Kritik kann mehr Klarheit schaffen.

10 Die Diskussion über die Willensfreiheit

In der öffentlich geführten Diskussion über die Frage der Willensfreiheit werden zwei anscheinend gegensätzliche Positionen – jeweils mit guten Argumenten – vertreten. Während der eine Standpunkt davon ausgeht, dass der Mensch in seinen Entscheidungen weitgehend frei ist, sieht ihn der andere als durch neuronale Prozesse weitgehend determiniert.

In einem tiefschürfenden Diskussionsbeitrag führt Wolf Singer mögliche Gründe an, weshalb es bisher nicht gelungen ist, einen allgemein akzeptierten Konsens zu erzielen: „Falls die Prämisse gilt, dass Weltdeutungen widerspruchsfrei sein müssen, um zutreffend zu sein, bleiben drei Möglichkeiten: Unsere Selbsterfahrung trügt, und wir sind nicht, wie wir uns wähnen, oder unsere naturwissenschaftlichen Weltbeschreibungen sind unvollständig, oder unsere kognitiven Fähigkeiten sind zu begrenzt, um hinter dem scheinbaren Widerspruch das Einende zu erfahren.“[319] Wie trügerisch unsere Selbstwahrnehmung ist, wird in der Selbst-Wesensschau offenbar. Und das naturwissenschaftliche Wissen ist insofern unvollständig, als wir noch nicht ausreichend verstehen, wie die psychischen Phänomene zustande kommen.

Meiner Ansicht nach ist es notwendig, vor allem die Mechanismen in den unbewussten Schichten des Geistes zu erforschen, um präzisieren zu können, was genau wir mit *freiem Willen* meinen.[320] Zu dieser Auffassung gelange ich aufgrund einiger Überlegungen, die mit Erkenntnissen und Thesen zusammenhängen, die in den vorangegangenen Kapiteln erläutert worden sind.

10.1 Der freie Wille aus neurobiologischer Sicht

Neurobiologische Experimente mit höheren Säugetieren – die ein episodisches bzw. primäres Bewusstsein besitzen – zeigen, dass diese auf gleiche Reize immer gleichartig reagieren. Aus neurobiologischer Sicht ist es schlüssig[321], dass dasselbe auch für den

---

[319] Wolf Singer: Verschaltungen legen uns fest, in Christian Geyer (Hg.): Hirnforschung und Willensfreiheit, Seite 39

[320] Die Unabhängigkeit von *allen* Bedingungen kann in diesem Zusammenhang nicht gemeint sein, weil diese Art von Freiheit nicht von Zufall unterscheidbar wäre; siehe Gerhard Roth: Aus Sicht des Gehirns, Kapitel 10, Seite 196-200.

[321] Siehe bspw. Wolf Singer: Bindungsprobleme (Hörbuch), Teile 6 und 7

Menschen gilt, zumindest dann – so muss einschränkend wegen der These, dass der Mensch prinzipiell zwei Bewusstseinszustände einnehmen kann, ergänzt werden –, wenn er sich im Zustand des Wesens befindet und sich nach den von seinem Wesen vermittelten Inhalten richtet.

Diese Sichtweise wird in gewisser Weise von spirituellen Aussagen gestützt. So beginnt ein Gedicht des Zen-Buddhismus mit den Worten: „Der höchste Weg ist gar nicht schwierig; nur duldet er kein Wählen."[322] Mit dem *höchsten Weg* ist die Orientierung am Wesen gemeint. Das Zitat besagt meiner Ansicht nach, dass eine *Wahl* gleichbedeutend damit ist, sich nicht nach den Inhalten des Wesens zu richten, und dass eine derartige Wahl zur Folge hat, dass der Mensch aus dem Zustand des Wesens herausfällt.

Eine ähnliche Aussage findet sich in der Schöpfungsgeschichte der Bibel. Dort wird meiner Meinung nach das Wählen mit den Worten „von den Früchten des Baumes der Erkenntnis essen" umschrieben. Das bedeutet, dass der Mensch seine Erkenntnisse nutzen kann, um die für ihn jeweils angenehm oder wünschenswert erscheinenden Vorstellungen oder Handlungsvarianten auszuwählen. Wenn er das tut, wird er „aus dem Garten Eden vertrieben", d.h. er verliert den Zugang zum Wesen.[323]

Diesen Interpretationen zufolge verfügt der Mensch über einen Grad an *Freiheit*, den andere Säugetiere nicht besitzen, nämlich sich über den von seinem Erkenntnisapparat *unmittelbar* vermittelten Inhalt hinwegsetzen und andere Inhalte aktivieren zu können. Was könnte sich beim Vorgang des Wählens abspielen?

Die wählbaren Varianten müssen als konkurrierende neuronale Prozesse in Arealen des Gehirns bereitstehen, die dem Kern des Bewusstseins zugänglich sind, denn nur dann können sie bei der Verarbeitung berücksichtigt werden. Die determinierte Abfolge reentranter Prozesse wiederum kann nur von Ereignissen beeinflusst werden, die nicht im thalamokortikalen System selbst entstehen, also von Sinneseindrücken, Körpersignalen oder Prozessen in evolutionsgeschichtlich älteren Teilen des Gehirns.[324]

Deswegen vermute ich, dass am Vorgang des Wählens die Top-Down-Aufmerksamkeit beteiligt ist, die durch *Erwartungen* der

---

[322] Hekiganroku: Teishos von Yamada Kuon Roshi, Band 1, 2.Fall, Seite 37

[323] Altes Testament der Bibel, 1. Buch Mose Kapitel 3

[324] Es ist äußerst unwahrscheinlich, dass rein statistische Schwankungen in den Entladungen zu unterschiedlichen Ergebnissen im Prozess führen.

Person gesteuert wird und Funktionen des Hirnstamms nutzt. Top-Down-Aufmerksamkeit könnte einer der bereitstehenden Varianten mehr Gewicht verleihen, so dass sie sich im neuronalen Geschehen zu Lasten der anderen Varianten durchsetzen kann.[325]

Durch häufige Wiederholung scheint sich im Ich-Bewusstsein eine Grundhaltung des Wählens zu verfestigen, in der nicht mehr alle Schritte eines Wahlvorgangs bewusst wahrgenommen werden, und in der die Gegenstände der Wahl austauschbar sind: „Das Problem ist nicht so sehr die Zurückhaltung von den Wunschobjekten, als eine losgelöste Haltung zu dem Wunsch als solchem, gleichgültig, was für ein Objekt er hat."[326]

10.2 Der freie Wille aus gesellschaftlicher Sicht

Beginnend im frühen Kindesalter wählen Kinder in jeder Situation aus den sich jeweils anbietenden Handlungsalternativen die ihnen geeignet erscheinende. Durch Wiederholung oder Vermeidung, oftmals kanalisiert durch Belohnung bzw. Bestrafung, verfestigen sich viele Wahlentscheidungen dauerhaft zu aufeinander aufbauenden Verhaltensmustern. Handlungen der Erwachsenen nutzen die erworbenen Verhaltensmuster, und werden daher indirekt durch eine unübersehbare Zahl von Einzelereignissen und Entscheidungen in der Vergangenheit mitbestimmt.

Als soziale Systeme bilden Gesellschaften Strukturen zur Bewältigung der Komplexität.[327] Dazu gehören Regeln und Normen, die das Zusammenleben der Menschen in der Gesellschaft ordnen. Insbesondere muss geregelt werden, inwieweit das Verhalten eines Menschen andere Menschen beeinträchtigen darf.

Gesellschaftliche Regeln und Normen eignen sich Kinder in der Sozialisationsphase an, die Teil des Prozesses zur Ausprägung des Ich-Bewusstseins ist.[328] Dabei lernen sie auch, ihre ursprüngli-

---

[325] Siehe Abschnitt „Auswahl kognitiver Inhalte" im Kapitel „Erkenntnisse der Gehirnforschung" sowie Christof Koch: Bewusstsein – ein neurobiologisches Rätsel, Kapitel 9, Seite 182, 183. Auch die Aktivierung von Emotionen, die mit kognitiven Inhalten verknüpft sind, könnte dazu beitragen. Emotionen beeinflussen vegetative Funktionen (Ausschütten von Hormonen, Anspannung von Muskeln etc.), die wiederum – zeitlich versetzt – neuronale Prozesse verstärken oder ausblenden können.

[326] C.G. Jung: Psychologischer Kommentar in W.Y. Evans-Wentz, Der geheime Pfad der großen Befreiung

[327] Siehe Kapitel „Konzepte aus der Perspektive des Systemdenkens"

[328] Siehe Kapitel „Erkenntnisse der Kognitionswissenschaften"

chen Bedürfnisse zu kontrollieren und ihnen nur dann zu folgen, wenn es die jeweilige Situation zulässt. Sobald die erforderlichen Mechanismen internalisiert sind, kann ihr Verhalten durch Argumentation oder durch psychischen Druck bis zu einem gewissen Grad beeinflusst werden.

Aus der gesellschaftlichen Notwendigkeit heraus, ein friedliches Zusammenleben zu gewährleisten, resultiert meines Erachtens das Interesse am freien Willen, denn für einen Menschen allein ist es nebensächlich, ob er eine Entscheidung *frei* getroffen hat oder nicht. Für die Gesellschaft dagegen ist es unabdingbar, dass sich ein Mensch in bestimmten Situationen von seinen Bedürfnissen, Intentionen und erworbenen Verhaltensweisen so *frei* machen kann, dass er in der Lage ist, die jeweiligen Anforderungen der verschiedenen gesellschaftlichen Gruppen und Institutionen erfüllen zu können.[329]

Weil eine Gesellschaft nicht dauerhaft überleben wird, wenn sie die innere Wirklichkeit ihrer Mitglieder nicht ausreichend berücksichtigt, muss der Interessenausgleich zwischen den gesellschaftlichen Anforderungen und den Bedürfnissen des Individuums ein Anliegen jeder Gesellschaft sein. Insbesondere muss es adäquate Antworten auf die Frage geben, inwieweit ein Mensch für Denk- und Verhaltensweisen, die er sich in der Vergangenheit – möglicherweise unter ganz anderen Umständen – angeeignet hat, auch Jahrzehnte später noch verantwortlich ist.

So gesehen lässt sich die in den westlich geprägten Gesellschaften öffentlich geführte Diskussion um den freien Willen als Teil des gesellschaftlichen Prozesses auffassen, der diesen Ausgleich gewährleistet, indem er entsprechende Regeln und Normen an veränderte Gegebenheiten und neue Erkenntnisse anpasst.

10.3 Weshalb haben wir den Eindruck, dass wir frei entscheiden?

An die vielen Ereignisse oder Entscheidungen, die zu unseren Verhaltensmustern geführt haben, erinnern wir uns nur im Ausnahmefall. Ebenso wenig erinnern wir uns an Inhalte, die wir vom sozialen Umfeld unbesehen übernommen haben. Es entgeht

---

[329] Nebenbei bemerkt sind die Anforderungen unterschiedlicher gesellschaftlicher Einrichtungen manchmal widersprüchlich, so dass sie nicht in allen Situationen gleichzeitig erfüllt werden können.

unserer bewussten Kontrolle, dass wir auf diesem Wege z.B. Vorurteile internalisieren, und in manchen Fällen zusätzlich unbewusste Mechanismen, die es uns ermöglichen, die jeweiligen Vorurteile wieder zu unterdrücken.[330]

Unbewusste kognitive Inhalte beeinflussen unsere Entscheidungen ebenso wie unbewusste Bedürfnisse. Solange wir uns im Zustand des Ich-Bewusstseins befinden, können wir nicht wissen, welche Prozesse des Unbewussten zu einer Entscheidung beitragen und welche nicht. „Da wir unbewusste Motive *per definitionem* nicht wahrnehmen, ergibt sich kein erfahrbarer Widerspruch zwischen der grundsätzlichen Bedingtheit unserer Entscheidungen und unserem Eindruck, wir träfen sie frei"[331]

Geschehnisse, die frei veranlasst scheinen, können sich bei genauerer Betrachtung als vollständig determiniert herausstellen. Dies soll am Beispiel eines Computerprogramms, das in regelmäßigen Zeitabständen eine Zufallszahl ausgibt, veranschaulicht werden. Wie die einzelnen Zahlen ermittelt werden, ist durch die Abfolge der Programmschritte und die Mechanismen des Prozessors eindeutig festgelegt. Wenn ein Beobachter die Arbeitsweise der Software nicht kennt, kann er nur die nach außen sichtbaren Ergebnisse interpretieren. Er wird feststellen, dass es keine Abhängigkeiten der Zahlen untereinander gibt, denn das ist ja gerade eine Eigenschaft der Zufallszahlen. Deswegen wird er schließen, dass die Abfolge der Zahlen nicht determiniert ist.

Zwar unterscheiden sich die Operationsweisen eines Computers und eines Gehirns, doch es ist sehr wahrscheinlich, dass im neuronalen Geschehen ähnliche Effekte auftreten, denn beim Erlernen der kognitiven Fähigkeiten bilden sich Schichten hierarchisch verknüpfter neuronaler Netze, wobei die übergeordneten die jeweils untergeordneten Schichten abstrahieren. Dem Bewusstsein sind gewisse Ergebnisse neuronaler Prozesse zugänglich, jedoch nicht alle Schritte, die zu den Ergebnissen geführt haben.[332]

---

[330] Siehe beispielsweise Untersuchungen über Rassenvorurteile in den USA; Manfred Spitzer: Geist & Gehirn 2 – Vorurteile im Kopf

[331] Wolf Singer: Verschaltungen legen uns fest, in Christian Geyer (Hg.): Hirnforschung und Willensfreiheit, Seite 50

[332] Die neuronalen Prozesse am Beispiel willkürlich ausgeführter Bewegungen beschreibt Gerhard Roth: Aus Sicht des Gehirns, 10. Kapitel, Seite 187-190.

11 Wege zur Selbst-Wesensschau

Wer sich gedanklich intensiv mit der spirituellen Erfahrung befasst, könnte nach einiger Zeit zur Auffassung gelangen, dieses Phänomen genügend zu kennen. Doch Gedanken und Vorstellungen, die ja ein Instrument objektiver Erkenntnis sind, liefern ein Bild der Wesenswelt ausschließlich aus der Dritten-Person-Perspektive. Die Erste-Person-Perspektive, das subjektive Erleben, lässt sich durch sprachliche Formulierungen nicht oder nur unzureichend vermitteln, weil wir uns verbal beschriebene Gefühle zwar vorstellen, diese aber nicht in uns hervorrufen können.[333] Wer wirklich wissen will, wie überwältigend die Gefühle und wie umfassend die Einsichten sind, die die Erfahrung begleiten, der muss sie selbst machen.

Die Selbst-Wesensschau tritt unerwartet ein, manchmal ohne dass die betreffende Person vorher davon gehört hat. Doch diese Situationen, in denen Menschen eine tiefe innere Not erleiden, in Todesgefahr geraten oder ein einschneidendes Ereignis erneut durchleben, beispielsweise in der Trauma-Arbeit bzw. der Therapie in Trance, kommen recht selten vor.

Wenn es – wie in den vorangehenden Kapiteln dargelegt – zutrifft, dass das Ich-Bewusstsein durch Anspannungen aufrechterhalten wird, müsste sich auch beim natürlichen Tod eine spirituelle Erfahrung einstellen, weil sich am Ende des Sterbeprozesses alle Anspannungen lösen.

Davon berichtet die Psychotherapeutin und Sterbebegleiterin Monika Renz: „Das für mich mit Abstand eindrücklichste Erlebnis an vielen Sterbenden ist nach wie vor die *spirituelle Öffnung*, die einmalige oder mehrmalige Erfahrung von so etwas wie Gottnähe, einem regelrecht überhandnehmenden Frieden! Ungeachtet aller vorausgehenden Angst oder Verweigerung scheint hier nochmals etwas einzubrechen oder sich auszubreiten, das sich offensichtlich menschlicher Einmischung entzieht. Mindestens 305 Patienten und Patientinnen (51%) bekundete mittels Wortbrocken, mit verklärten Gesichtszügen oder vermittelt durch eine völlig veränderte Atmosphäre, daß es jetzt «schön, gut, friedlich oder heilig» sei. Viele beginnen zu strahlen, oder ihre erhobe-

---

[333] Siehe bspw. Daniel Gilbert: Ins Glück *stolpern*

ne Stirn zeugt von Staunen. Ihre Augen sind geschlossen oder hinüberschauend, jedenfalls nicht (mehr) im Banne von Angst. Sie haben «gefunden und hingefunden». Diese **Zeugnisse Sterbender** möchte ich auch über die verbleibenden 49% stellen, denn auch dort ist ein Hineinfinden in ein irgendwie Gutes nicht ausgeschlossen, und sei es in den letzt bleibenden und zeitlosen Sekunden, im Gegenteil."[334]

11.1 Die geistige Übung

Spirituelle Lehrer vergangener Zeiten wie der Gegenwart haben von der Selbst-Wesensschau berichtet und gelehrt, wie sie aktiv angestrebt werden kann. Insbesondere gab bzw. gibt es in allen großen Weltreligionen Strömungen, die Übungsmethoden entwickelt haben, um die Geisteskräfte zu sammeln und zu einen, nicht nur in den Religionen des Fernen Ostens. Eine derartige – allerdings sehr kurze – Anleitung findet sich beispielsweise im Kapitel über das *Beten* in der Bergpredigt.[335]

Die Übungsmethoden unterscheiden sich schon deshalb, weil sie aus verschiedenen Kulturkreisen bzw. Religionen stammen.[336] Trotz dieser Unterschiede gehe ich aufgrund der Überlegungen in den vorangegangenen Kapiteln davon aus, dass alle ernstzunehmenden Methoden bewirken können, einen psychischen Prozess in Gang zu setzen und aufrecht zu erhalten, der hier als *geistige Übung* oder *Meditation* bezeichnet wird. Damit sich Leser, die mit der Thematik nicht vertraut sind, eine Vorstellung von diesem Prozess machen können, nachfolgend einige Hinweise.[337]

Die geistige Übung setzt bei derjenigen geistigen Funktion an, mit der die Ausprägung des Ich-Bewusstseins beginnt: bei der Aufmerksamkeit. Im Kern geht es darum, die normalerweise auf die Außenwelt gerichtete und von Ereignis zu Ereignis springende Aufmerksamkeit zu fokussieren und – zumindest zeitweise – so nach innen zu richten, dass im Laufe der Zeit wieder subtile

---

[334] Monika Renz: Zeugnisse Sterbender – Todesnähe als Wandlung und letzte Reifung, Seite 203

[335] Neues Testament der Bibel, Matthäus-Evangelium, Kapitel 6., Verse 5.-15; siehe auch Alla Selawry: Das immerwährende Herzensgebet, Kapitel II, Abschnitt 1, „Das Herzensgebet gründet auf der Heiligen Schrift", Seite 47-49.

[336] Siehe bspw. Oliver Bottini: Das große O.W. Barth-Buch der Meditation

[337] Meine Erfahrungen mit den Methoden sind jedoch begrenzt, so dass die Aussagen nur einen groben Eindruck vermitteln können.

psychische Geschehnisse wahrgenommen werden können. Dazu wird die Aufmerksamkeit beispielsweise auf den Atem oder direkt auf die Beobachtung des inneren Geschehens gerichtet.[338]

11.1.1 Wahl einer Übungsmethode

In der Praxis hat sich gezeigt, dass nicht jedem Menschen jede Methode liegt. Bei der Wahl gilt es, seinem intuitiven Gefühl zu folgen, und ggf. mehrere Methoden auszuprobieren, bis man eine passende gefunden hat. Allerdings ist es nicht hilfreich, ständig zu wechseln, weil dadurch die Aufmerksamkeit immer wieder auf externe Faktoren gerichtet wird, worunter die Sammlung der geistigen Kräfte leidet.

Häufig ist die Wahl der Übungsmethode damit verbunden, sich einem spirituellen Lehrer anzuschließen, zu dem man sich hingezogen fühlt und dem man vertraut. Er kann in den kritischen Phasen der Übung wertvolle Hinweise geben. Insbesondere kann nur ein spiritueller Lehrer, der die Selbst-Wesensschau selbst tief realisiert hat, beurteilen, ob eine als außergewöhnlich erlebte innere Erfahrung echt ist, und ggf. deren Tiefe ausloten.

Für die Wahl eines spirituellen Lehrers lassen sich allenfalls einige Ausschlusskriterien angeben. Vorsicht ist beispielsweise geboten, wenn der Glaube an nicht unmittelbar nachvollziehbare Grundsätze erwartet wird – ausgenommen die Prämisse, dass es eine geistige Wirklichkeit gibt, die sich normalerweise der Introspektion entzieht, die aber erfahren werden kann. Dasselbe gilt, wenn persönliche Interessen des Lehrers oder seiner Gemeinschaft, wie z.B. hohe finanzielle Forderungen, eine Rolle spielen. Wenn man Zweifel hat, ist es besser, ohne Lehrer zu üben.[339]

11.1.2 Lockerungsübungen

Das Leben in den Industriegesellschaften ist mit starken psychischen bzw. emotionalen Belastungen verbunden, unter anderem bedingt durch das Zusammenleben auf relativ engem Raum so-

---

[338] Auch in einigen Formen der Therapie wird versucht, den Fokus der Aufmerksamkeit der Patienten weg von der Störung z.B. auf unwillkürliche, also nicht willentlich gesteuerte Prozesse zu lenken; siehe bspw. Gunther Schmidt: Von erdrückenden zu sich entfaltenden Welten, Tag 1, Track 19.

[339] Weitere Einzelheiten siehe Philip Kapleau: Erleuchtung nicht ausgeschlossen – Zen-Geschichten – Zen-Gespräche, Teil 1, Kapitel II, 8. Wie findet man seinen Lehrer?

wie durch die Anforderungen, wie sie an vielen Arbeitsplätzen bestehen. Der ständige Druck, den wir auf uns ausüben, um die vielen Anforderungen zu erfüllen, schlägt sich in Muskelverspannungen vor allem im Rücken- und Nackenbereich nieder.

Nacken- und Rückengymnastik wirken sich daher auf die geistige Übung positiv aus. Im *Hatha-Yoga* besteht sogar das zentrale Prinzip aus körperlich orientierten Lockerungsübungen, wobei die Aufmerksamkeit auf deren Wirkung im Körper gerichtet wird.

Ein weiteres Hilfsmittel stellt die Muskelentspannung durch *autogenes Training* dar. Um eine spürbare Wirkung zu erzielen, müssen die Übungen über einen längeren Zeitraum hinweg zumindest einmal am Tag ausgeführt werden.

11.1.3 Einige Hinweise zur geistigen Übung

Dem inneren Geschehen kann man sich sowohl von der psychischen als auch von der körperlichen Seite her nähern. Anknüpfungspunkte für die Aufmerksamkeit sind auf der physischen Seite muskuläre Verspannungen, deren Ursachen ausfindig gemacht werden, um sie zu beseitigen. Im Verlauf der Übung kann es gelingen, Schichten zunehmend subtilerer Anspannungen aufzuspüren und sukzessive aufzulösen.

Ansatzpunkte auf der psychischen Seite bieten unangenehme Gefühle wie beispielsweise Ärger oder Wut. Zwar werden diese Gefühle durch Ereignisse in der Außenwelt ausgelöst, deren tiefere Ursachen liegen jedoch in unserer persönlichen Biografie. Indem wir ihnen nachspüren, können wir die zurückliegenden Ereignisse wieder ins Bewusstsein heben, um sie erneut zu durchleben.

Eine rein gedankliche Beschäftigung mit den dabei gewonnenen Einsichten reicht nicht aus, weil unsere Gedanken letztlich auf Objekte der Außenwelt zielen. Stattdessen gilt es zu lernen, die unwillkürlich auftauchenden Gedanken und Gefühle aller Art — auch über spirituelle Aussagen — vorüberziehen zu lassen, ohne sie zu unterdrücken, ohne ihnen nachzuhängen, und ohne sich mit ihnen zu identifizieren, auch dann nicht, wenn sie mit sehr negativen oder sehr positiven Gefühlen verknüpft sind.

Weil man sich nur nach und nach von der Gewohnheit, auf äußere Ereignisse und Gedanken zu achten, lösen kann, um die Aufmerksamkeit kontinuierlich auf die tieferen inneren Schichten richten zu können, empfiehlt es sich, täglich zu üben. Zehn Minuten intensiver Übung sind dabei wirkungsvoller als eine Stunde zerstreuter Übung. Um Unterbrechungen zu vermeiden, sollte daher zu einer Tageszeit geübt werden, in der keine Störungen von außen auftreten können.

Es gibt jedoch keine Methode, mit der die Selbst-Wesensschau sicher erlangt werden kann, auch nicht nach jahrzehntelanger Praxis. Sie lässt sich auch mit großer Willensanstrengung nicht erzwingen. Der Durchbruch zum Wesen geschieht überraschend und unvorhergesehen. Bei einer Erfahrung, auf die dieses Merkmal nicht zutrifft, dürfte es sich nicht um eine echte Selbst-Wesensschau handeln.

11.2 Wirkungen der spirituellen Erfahrung

Wenn die Übung mit Einsatz aller geistigen Kräfte längere Zeit durchgehalten wird, ist die Veränderung nachhaltig: „Am Ende führt [...] [die geistige Übung] zur Umwandlung von Charakter und Persönlichkeit. Trockenheit, Härte und egoistische Haltung weichen überströmender Wärme, Elastizität und Mitgefühl, während Eigenliebe und Furcht in Selbstbeherrschung und Mut umgewandelt werden."[340]

In der Selbst-Wesensschau stellen sich wunderbare Gefühle und Einsichten ein, so dass der Wunsch entstehen könnte, in diesem Zustand bleiben zu wollen. Doch viele spirituelle Lehrer weisen darauf hin, dass dies dem Menschen nicht angemessen ist: „Ein spiritueller Weg, der nicht in den Alltag und zum Mitmenschen führt, ist ein Irrweg."[341] Insbesondere kann im gesellschaftlichen Zusammenleben auf das Ich-Bewusstsein und seine Leistungen wie beispielsweise die Sprache oder das begriffliche Denken nicht verzichtet werden. Auf negative wie auf positive Ereignisse können wir aber gelassener reagieren, wenn es durch den Kontakt zu den tieferen Schichten der inneren Wirklichkeit gelingt, uns von unseren Verhaftungen zunehmend zu lösen.

11.2.1 Selbsterkenntnis

Die Selbst-Wesensschau offenbart, dass es natürliche – vielleicht angeborene – Verhaltens-Maßstäbe gibt, die für alle Menschen

---

[340] Philip Kapleau: Die drei Pfeiler des Zen, Erstes Kapitel, Seite 41
[341] Willigis Jäger: Wiederkehr der Mystik, Kapitel II., Abschnitt 11., Seite 50

gleich sind. Zwar kann der Mensch von diesen Leitlinien abweichen, verlässt aber mit der Wahl einer bevorzugten, alternativen Verhaltensweise den Zustand des Wesens mit der Folge, dass die direkte Verbindung zu seinen inneren Kräften verloren geht.[342] Deswegen ist der Aufenthalt im Zustand des Ich-Bewusstseins im Gegensatz zum Aufenthalt im Wesen anstrengend. „Im Schweiße deines Angesichts sollst du dein Brot essen …"[343], heißt es in der Schöpfungsgeschichte.

In der Sozialisationsphase lernen wir, unsere ursprünglichen Bedürfnisse zu kanalisieren, und aus den sich jeweils anbietenden Sichtweisen und Handlungsmöglichkeiten diejenigen auszuwählen, die wir bevorzugen oder mit denen wir in Verbindung gebracht werden wollen. Auf diese Weise wird die Wahrnehmung der inneren Verhaltens-Maßstäbe zunehmend überlagert von persönlichen Vorstellungen und gesellschaftlichen Konventionen, mit denen wir uns identifizieren. Es entgeht unserer Aufmerksamkeit, dass sich im Laufe der Zeit ein mit starken Emotionen verbundener Filter – das persönliche Unbewusste – aufbaut, der Inhalte ausblendet, die uns nicht passen.

Sobald das Unbewusste etabliert ist, weichen wir nicht nur immer wieder – ohne es zu merken – von inneren Verhaltens-Maßstäben ab, sondern wir beschönigen manchmal bewusst Situationen, um frühere Abweichungen zu rechtfertigen oder zu verbergen. Im Laufe der Zeit eignen wir uns zunehmend Sichtweisen an, die sich in der gesellschaftlichen Realität als Begründung dafür nutzen lassen, weshalb es uns nicht gelingen konnte, diese oder jene Erwartung zu erfüllen.

Die Wirkungen des Unbewussten lassen sich vergleichen mit einem Lampenschirm[344], auf den ein Muster – die Inhalte des Unbewussten – aufgezeichnet ist. Durch die Lichtquelle der Lampe wird ein Muster auf eine Wand, einen Vorhang oder andere Gegenstände – die Außenwelt – geworfen. Weil uns nicht bewusst ist, dass es sowohl eine Lichtquelle als auch einen Lampenschirm gibt, halten wir die Muster für einen Teil der Außenwelt.

Der psychologische Begriff der *Projektion* drückt daher sehr gut aus, was sich abspielt: Wir erkennen nicht, dass es zu einem guten

---

[342] Ansatzpunkte für eine Erklärung siehe Abschnitt „Subjektives Erleben" im Kapitel „Das Ich-Bewusstsein aus Sicht der spirituellen Erfahrung"
[343] Altes Testament, 1. Buch Mose Kapitel 3, Vers 19
[344] An die Quelle, aus der dieses Beispiel stammt, erinnere ich mich leider nicht.

Teil unsere eigenen unbewussten Haltungen, Einstellungen und Emotionen sind, die wir in unseren Mitmenschen wahrnehmen. Konflikte im zwischenmenschlichen Bereich beruhen oft auf unterschiedlichen Vorstellungen zu einem Sachverhalt, mit denen die beteiligten Parteien unbewusst identifiziert sind, und die in die jeweils andere Partei projiziert werden.[345]

Die Einsicht in diesen Sachverhalt ist eine notwendige Voraussetzung, um die Selbst-Wesensschau erfahren zu können. Denn bevor es dazu kommen kann, werden uns die Ursachen der Projektionen, also die größtenteils längst vergessenen Fehler, die wir begangen und die Situationen, die wir durchlitten haben, präsentiert. Die Erkenntnis, dass auch alle anderen Menschen derartige Fehler machen, ist in dieser Situation kein Trost. Nur wer es in diesem Stadium des Prozesses über sich bringt, anderen Menschen ihre Fehler zu verzeihen, und seine aktive Beteiligung an den verdrängten Ereignissen, die am geistigen Auge vorüberziehen, anzuerkennen, dem offenbart sich die Wesenswelt.

Sobald sich in der Selbst-Wesensschau auch die hartnäckigsten Anspannungen lösen, ist es so, als ob eine große Last von uns genommen wird. Zwar nehmen wir die Quellen unserer Ängste nach wie vor wahr, doch sie beherrschen uns nicht mehr. So stellt sich ein lange vermisster innerer Friede verbunden mit tiefer Dankbarkeit ein.

11.2.2 Einsicht in gesellschaftliche Zusammenhänge

Je stärker die Mitglieder einer Gesellschaft unter Druck stehen, desto eher sind sie geneigt, gedankliche Vorstellungen unbewusst mit den Emotionen aus ihren verdrängten Erlebnissen zu verknüpfen. Durch ständige Wiederholung bestimmter Vorstellungen können sich von gleichartigen Aggressionen getragene, kollektive Projektionen entwickeln, die sich gegen Personen mit bestimmten Überzeugungen, Bevölkerungsgruppen, Nationen etc. richten.[346] Wer nicht im Wesen verankert ist und dessen natürliche Maßstäbe nicht kennt, kann von derartigen Projektionen angesteckt werden. Menschen, die den Weg zur Selbst-Wesensschau ein gutes Stück gegangen sind, sind weniger anfällig für gesell-

---

[345] Siehe auch Abschnitt „Nebeneffekte des Ich-Bewusstseins" im Kapitel „Erkenntnisse der Kognitionswissenschaften"

[346] S.a. Abschnitt „Das Unbewusste" im Kapitel „Erkenntnisse der Psychologie"

schaftliche Projektionen, wenn sie schon gewisse Einsichten in deren Mechanismen gewonnen haben.

Durch die Flut an Nachrichten über kurzfristig auftretende, einschneidende Ereignisse sind viele langfristig überlebensnotwendige Faktoren aus dem Fokus der öffentlichen Aufmerksamkeit verdrängt worden. Dies wird unter anderem daran deutlich, dass die Menschheit derzeit mehr an verschiedenen lebensnotwendigen Ressourcen verbraucht, als die Erde regenerieren kann. Dagegen wird in der Selbst-Wesensschau offenbar, wie sehr unsere Existenz sowohl von der Biosphäre als auch von der Gesellschaft abhängt, in der wir leben, was sich in tiefem Mitgefühl für die Mitmenschen und alles Lebendige ausdrückt.

Diese Einsichten bewirken, dass wir unsere Kräfte nicht mehr für egoistische Zwecke, sondern im Bewusstsein der Mitverantwortung für unser gesellschaftliches, biologisches und physisches Umfeld einsetzen.

11.3 Hinweise auf Erlebnisberichte

In seinem Buch „Die drei Pfeiler des Zen" veröffentlichte Philip Kapleau unter anderem Berichte über die spirituellen Erfahrungen von acht Amerikanern und Japanern (darunter auch seinen eigenen), Menschen unterschiedlichen Alters, die sich zudem in unterschiedlichen Lebenssituationen befanden.[347] Weil sich diese Personen auf die Tradition des Zen-Buddhismus eingelassen haben, werden vielerlei Begriffe des Zen ganz selbstverständlich verwendet. Wer sich für die Berichte interessiert, muss sich daher mit der Vorstellungswelt des Zen-Buddhismus befassen. Das umfangreiche Glossar im Anhang des Buchs von Philip Kapleau ist dabei sehr hilfreich.

Ein bewegendes Zeugnis stellen die Briefe der jung verstorbenen Japanerin Yaeko Iwasaki[348] dar, die sie in den Tagen nach ihrer Selbst-Wesensschau an ihren Meister schrieb. Wegen einer schweren Krankheit musste sie in ihrer Jugend fast ständig im Bett liegen, und konnte auch später die Wohnung kaum verlassen. In ihren Briefen und den Kommentaren ihres Meisters wird deutlich, dass die Erfahrung in mehreren Schritten vertieft werden kann.

---

[347] Philip Kapleau: Die drei Pfeiler des Zen, Zweiter Teil, V. Kapitel, Seite 285
[348] Philip Kapleau: Die drei Pfeiler des Zen, Zweiter Teil, VI. Kapitel, Seite 377

In einem aus drei Teilen bestehenden Buch beschreibt Richard Alpert[349] unter anderem seinen Weg vom Professor für Psychologie an der Harvard-Universität über seine Experimente mit psychedelischen Drogen[350] bis hin zur Suche nach der spirituellen Erfahrung. In Indien fand er einen Guru, bei dem er zur Selbst-Wesensschau gelangte. In einem umfangreichen, sehr kreativ gestalteten Teil hat er einige Aspekte seiner Erfahrung dargestellt.

Wie bereits erwähnt, gibt es Fälle, in denen die Selbst-Wesensschau ohne vorangegangene Übung eingetreten ist. Über ein solches Ereignis berichtet Eckhart Tolle in seinem Buch: „Jetzt, die Kraft der Gegenwart“. Darin schildert er kurz, wie ihn dieses Erlebnis dazu bewogen hat, sein Leben radikal zu verändern. In seinen auf DVD aufgezeichneten Vorträgen unter dem Motto „Touching the Eternal" beleuchtet er verschiedene Aspekte des Erlebens aus dem Blickwinkel des Wesens.

---

[349] Dr. Richard Alpert (Baba Ram Dass): Now Be Here, Be Here Now
[350] Gemeinsam mit Timothy Leary und Ralph Metzner

Anhang

Anmerkungen zu den verwendeten Begriffen

Die Quellen, die in der Abhandlung vorgestellt oder zitiert werden, basieren auf unterschiedlichen Begriffswelten. Zusammen betrachtet besitzen manche Begriffe, wie z.B. *Ich* und *Selbst*, eine mehrfache, teils überschneidende Bedeutung. Was sie jeweils genau bezeichnen, muss aus dem Kontext erschlossen werden. Weil in den Zitaten und meist auch in den Zusammenfassungen die Begrifflichkeit der jeweiligen Quellen genutzt wird, werden in der Abhandlung durchgängig einige grundlegende Begriffe als Bezugspunkte verwendet, um die Begrifflichkeit der verschiedenen Quellen – soweit es möglich ist – miteinander zu verbinden.[351]

Für Phänomene wie *Geist* und *Bewusstsein* ist mir keine allgemein akzeptierte wissenschaftliche Definition bekannt.[352] Dies liegt wohl daran, dass die Wissenschaft noch kein einheitliches und kein vollständiges Bild dieser Phänomene besitzt. Daher wird nicht versucht, solche Begriffe zu definieren, sondern es wird davon ausgegangen, dass das umgangssprachliche Verständnis dieser Begriffe ausreicht, um die Gedankengänge dieser Abhandlung nachvollziehen zu können.

Dies gilt auch für allgemeine Begriffe wie z.B. *Erfahrung, Erkenntnis, Person, Rolle, Struktur*. Allerdings ist zu beachten, dass diese Begriffe in einzelnen Wissenschaften eine spezifische, eingeschränkte Bedeutung besitzen können.

Psychologische Begriffe orientieren sich an der Begriffswelt von C.G. Jung, es sei denn, unter „Grundlegende Begriffe der Abhandlung" ist eine abweichende Definition angegeben.

Die Bedeutung der Begriffe I. Kants lässt sich bis zu einem gewissen Grade aus ihrer hierarchischen Anordnung mit den jeweils

---

[351] Die Bedeutungen einander zugeordneter Begriffe überdecken sich nicht immer in vollem Umfang.

[352] Siehe zum Beispiel die unterschiedlichen Ansätze für Definitionen des Begriffs *Bewusstsein* in Merlin Donald: Triumph des Bewusstseins – Die Evolution des menschlichen Geistes, Kapitel 3, Seite 127-131

untergeordneten Inhalten bzw. Begriffen erschließen. Eine umständliche Erläuterung würde nicht wesentlich zum Verständnis der Abhandlung beitragen.

Die Begriffe der Systemtheorie und der Neurobiologie werden überwiegend in den entsprechenden Kapiteln benutzt, und erfordern oft umfangreiche Erläuterungen, die die dargelegten Inhalte nur wiederholen würden. Wenn ein derartiger Begriff an anderer Stelle auftaucht, kann mit Hilfe des Stichwortverzeichnisses diejenige Textstelle aufgefunden werden, in der er erklärt wird.

Grundlegende Begriffe der Abhandlung

- *Menschlicher Geist*: umfasst alle Funktionen, Mechanismen und Prozesse, die sowohl wahrnehmbare als auch nicht wahrnehmbare seelische und geistige Vorgänge eines Menschen sind oder bewirken.[353]
- *Ich*, *Ego*: ist der ständig wechselnde, mit der Person verknüpfte Inhalt des Ich-Bewusstseins. Das Ich umfasst die bewussten und die unbewussten Inhalte (Gedanken, Gefühle etc.)[354], die mit der Vorstellung der Ich-Identität verbunden sind.
  Der Begriff *Ego* wird bevorzugt benutzt, wenn der Fokus eher auf unbewusste Inhalte gerichtet ist, der Begriff *Ich*, wenn bewusste Vorstellungen des Menschen über sich selbst im Vordergrund stehen.[355]
- *Ich-Bewusstsein*: bezeichnet den „normalen" Bewusstseinszustand der erwachsenen Menschen in den westlich orientierten Industriegesellschaften. Es besteht aus allen Funktionen und Mechanismen des menschlichen Geistes, die den inneren Erlebnisstrom erzeugen.[356]
  Die Vorstellungen über das *Ich* und die Welt entwickeln sich gemeinsam mit dem *Ich-Bewusstsein*. Deswegen ist es schwierig oder gar unmöglich, Modelle und Inhalte, insbesondere die

---

[353] Im Kapitel „Erkenntnisse der Gehirnforschung" wird der Begriff *Geist* nach J.C. Eccles im engeren Sinne verwendet als die „Substanz" des Bewusstseins, die mit den physischen Funktionen in einem bestimmten Teil des Gehirns interagiert.
[354] Siehe auch Gerhard Roth: Aus Sicht des Gehirns, Kapitel 8, Seite 149-151.
[355] Der Begriff *Ich* dürfte weitgehend den Begriffen *Ich-Komplex* von C.G. Jung und *phänomenales Selbst* von T. Metzinger entsprechen.
[356] Der Begriff *Ich-Bewusstsein* dürfte weitgehend dem Begriff *Bewusstseinssystem* von N. Luhmann entsprechen.

persönlichen, individuellen Aspekte des *Ich*, vom zugrundeliegenden Apparat, dem *Ich-Bewusstsein*, genau abzugrenzen.

- *Wesen*: ist derjenige Teil des menschlichen Geistes, der wahrgenommen wird, wenn das Ich-Bewusstsein verschwindet. Die Eigenschaften, die sich in der Selbst-Wesensschau offenbaren, werden auch unter dem Begriff *Wesenswelt* zusammengefasst.
- *Selbst-Wesensschau* (Synonyme: *spirituelle* bzw. *mystische Erfahrung*): Prozess, in dem das Ich-Bewusstsein verschwindet und das Wesen bewusst wird. Dieser Begriff wird zum Teil synonym zum Begriff Wesenswelt verwendet. Aus dem jeweiligen Zusammenhang ergibt sich, ob der Blickwinkel eher auf dem Vorgang oder dem dabei erreichten Zustand[357] liegt.
- *System*: besteht aus mehreren Komponenten, die in wechselseitiger Beziehung miteinander stehen. Es grenzt sich gegen seine Umwelt ab und entwickelt eigene Operationsweisen.

Begriffe nach Carl Gustav Jung[358]

- *Bewusstsein*: Bezogenheit psychischer Inhalte auf das Ich, soweit sie vom Ich empfunden werden (sonst: unbewusste Inhalte); innere Anschauung des objektiven Lebensprozesses.
- *Archetypus*: urtümliches (kollektives) Phantasiebild, das sich nur indirekt auf die Wahrnehmung eines äußeren Objekts bezieht.
- *Psychische Grundfunktionen*: Denken und Fühlen (rational), Empfinden und Intuieren (irrational).
- *Ich, Ich-Komplex*: Das Ich oder der Ich-Komplex ist derjenige Komplex, der die Vorstellungen eines Menschen von sich selbst enthält und das Zentrum des individuellen Bewusstseinsfelds darstellt. Das Ich ist nach C.G. Jung das Subjekt des Bewusstseins, das Selbst das Subjekt der gesamten Psyche.
- *Individualität*: Eigenart und Besonderheit des Individuums in psychologischer Hinsicht. Individuell ist alles, was nicht kollektiv ist.

---

[357] Eigentlich ist das Wesen kein Zustand, sondern ein Prozess mit wechselnden Inhalten. Der Begriff Zustand wird dennoch verwendet, weil damit deutlich wird, dass das *Ergebnis* des Prozesses gemeint ist, der zur Selbst-Wesensschau führt.

[358] Verkürzt zusammengefasst nach Carl Gustav Jung: Typologie, Studienausgabe bei Walter, 1.Auflage 1972, Kapitel III, Seite 105 ff

- *Individuation* bedeutet, in einem Entwicklungsprozess zum eigenen *Selbst* zu reifen.
- *Komplex*: Bild einer emotional betonten psychischen Situation, die unvereinbar ist mit der habituellen Bewusstseinslage oder -einstellung. Ein Komplex besitzt einen hohen Grad an Autonomie und bewirkt (zumindest temporär) einen Zustand der Unfreiheit. Es besteht kein prinzipieller Unterschied zwischen einem Komplex und einer Teilpersönlichkeit. Komplexe können als abgesprengte Teilpsychen aufgefasst werden.
- *Libido*: Psychische Energie; gibt die Intensität eines psychischen Vorgangs, seinen psychologischen Wert an. Der psychologische Wert wird bestimmt nach seiner determinierenden Kraft, die sich in bestimmten psychologischen Wirkungen („Leistungen") zeigt. Die Libido ist nie anders fassbar als in einer bestimmten Form, sie ist identisch mit Phantasiebildern.
- *Projektion*: bedeutet das Verlegen eines subjektiven, meist unbewussten Inhalts in ein äußeres Objekt. Die Projektion beruht auf einer archaischen Identität von Subjekt und Objekt, ist aber erst dann als Projektion zu bezeichnen, wenn die Notwendigkeit der Auflösung der Identität mit dem Objekt eingetreten ist. Aktive Projektion findet sich als wesentlicher Bestandteil des Einfühlungsaktes (Empathie).
- *Persona*: Ausschnitt aus der Kollektivpsyche, der als „Maske" Individualität vortäuscht. Sie besteht aus einer Menge von psychischen Tatsachen, die als persönlich empfunden werden.
- *Psyche*: Gesamtheit aller psychischen Vorgänge (bewusste und unbewusste).
- *Seele*, *Anima*: abgegrenzter Funktionskomplex, der als innere Persönlichkeit charakterisiert werden kann.
- *Subjekt*: ist das Unbewusste als inneres Objekt aufgefasst.
- *Selbst*: umfasst die Gesamtheit der psychischen Phänomene und drückt die Einheit und Ganzheit der Gesamtpersönlichkeit aus (archetypische Vorstellung).
- *Trieb*: Nötigung zu gewissen Tätigkeiten. Triebmäßig ist jede psychische Erscheinung, die nicht durch Willensabsicht, sondern durch dynamische Nötigung hervorgerufen wird.
- *Wille*: disponible psychische Energiesumme des Bewusstseins. Unbewusst motivierte Vorgänge sind keine Willensvorgänge.

Begriffe nach Konrad Lorenz

- *Genom*: Die Anlagen einer Spezies oder Art, die in der Menge der Erbanlagen (den Genen) aller Individuen der Art enthalten sind (als „Wissen" der Spezies).
- *Fulguration* (Synonym: *Emergenz*): eine neue, komplexere Funktion eines Organismus entsteht durch Selektion eines neuartigen Zusammenwirkens mehrerer schon vorhandener einfacher Funktionen, die als unentbehrliche Bestandteile der neuen Funktion fungieren. Die neue Funktion lässt sich nicht ausschließlich aus den einfachen Funktionen erklären.
- *Kognitive Leistung bzw. Funktion*: erkenntnisgewinnende Leistung bzw. Funktion.

Inventarium der Vernunft nach Immanuel Kant

Der besseren Verständlichkeit wegen werden nicht immer die präzisen Begriffe Immanuel Kants verwendet. Insbesondere wird der Begriff *transzendental* ganz weggelassen, weil in dieser Abhandlung fast ausschließlich von „Erkenntnissen unserer Erkenntnisarten von Gegenständen, sofern diese a priori möglich sein soll" (Definition von I. Kant) die Rede ist, also von den Geistesfunktionen, die objektive Erkenntnis ermöglichen.

Die *theoretische Vernunft* umfasst nach Immanuel Kant[359]:
- Stoff und Empfindung: wird der Sinneserkenntnis im nachhinein (*a posteriori*) gegeben.
- Formen: liegen rein (*a priori*) im Erkenntnisvermögen;
  - Form der Sinneserkenntnis (Anschauungsformen): Auffassungsweisen
    - Raum: Form des äußeren Sinnes
    - Zeit: Form des inneren Sinnes
  - Form des Verstandes im weiteren Sinne: Verknüpfungsweisen (Logik). Der Verstand bildet Begriffe und verknüpft sie zu Urteilen.
    - Urteilsformen
      - Quantität: Umfang der Gültigkeit des Urteils
        - allgemeine

---

[359] Angelehnt an Hans Joachim Störig: Kleine Weltgeschichte der Philosophie, Band 2, Zweites Kapitel, Seite 67 ff.

- besondere
- einzelne
- Qualität: Gültigkeit oder Ungültigkeit der Beziehung (*Relation*)
  - bejahende
  - verneinende
  - unendliche
- Relation: Art der Beziehung
  - unbedingte (*kategorische*)
  - bedingte (*hypothetische*)
  - ausschließende (*disjunktive*)
- Modalität: Art der Gültigkeit der Beziehung
  - vermutende
  - behauptende
  - notwendige
- Verstand im engeren Sinne: reine Verstandesbegriffe, *Kategorien*. Diese leiten sich ab aus den entsprechenden Urteilsformen
  - Quantität
    - Einheit
    - Vielheit
    - Allheit
  - Qualität
    - Realität (Wirklichkeit)
    - Negation (Nichtwirklichkeit)
    - Limitation (Begrenzung)
  - Relation
    - Substanz und Akzidenz
    - Ursache und Wirkung
    - Gemeinschaft/Wechselwirkung
  - Modalität
    - Möglichkeit – Unmöglichkeit
    - Dasein – Nichtsein
    - Notwendigkeit – Zufälligkeit
- Bestimmende Urteilskraft: Subsumption
- Theoretische Vernunft: Ideen entsprechend den drei Urteilsformen der Relation. Die Vernunft verbindet Urteile zu Schlüssen.

- Psychologische Idee: Seele (kategorische – Einheit des denkenden Subjekts)
- Kosmologische Idee: Welt (hypothetische – Einheit aller Erscheinungen)
- Theologische Idee: Gott (disjunktive – Einheit aller Gegenstände des Denkens, Idee eines höchsten Wesens).

Zur *praktischen* Vernunft, der Willensbestimmung mit Hilfe von praktischen Grundsätzen, gehören:
- sinnliches Begehren
- Form der praktischen Vernunft:
  - subjektiv gültige Maximen
  - allgemeingültige praktische Gesetze
    - hypothetische Imperative
    - kategorische Imperative.

Die *Urteilskraft* beurteilt das Naturgeschehen unter dem Gesichtspunkt von „Zwecken":
- sinnliches Gefühl der Lust bzw. Unlust
- reflektierende Urteilskraft.

Quellentexte zur spirituellen Erfahrung

Die Texte der Religionen stellen zwar die bedeutendsten und vor allem ältesten, aber nicht die einzigen Quellen spiritueller Erfahrung dar. Nachfolgend eine Auswahl von Quellen und Textstellen[360]:
- Eine umfangreiche Sammlung von Weisheitstexten der großen Weltreligionen, der Indianer und aus Afrika hat Wolfgang Walter in seinem Buch: Wer die Quelle kennt … zusammengestellt.
- Judentum:
  - Altes Testament der Bibel: Schöpfungsgeschichte[361]
  - Altes Testament der Bibel: Berufung des Mose[362]
- Christentum:
  - Neues Testament der Bibel: Die Aussagen, die Jesus direkt

---

[360] Weitere Angaben zu den Quellen siehe Literaturverzeichnis
[361] Altes Testament, 1. Buch Mose Kapitel 2, Vers 7. bis Ende des Kapitels 3
[362] Altes Testament, 2. Buch Mose Kapitel 3, Vers 2.-5. und Kapitel 4, Vers 2.-4.

zugeschrieben werden, insbesondere die Bergpredigt[363].
- Deutsche Mystik: Meister Eckehart, Johannes Tauler
- Orthodoxes Christentum: Aufrichtige Erzählungen eines russischen Pilgers. Ein namentlich unbekannter Pilger berichtet über die Wirkung des immerwährenden Herzensgebets.
- Islam:
  - Al Ghasali: Das Elixier der Glückseligkeit
- Buddhismus:
  - Lama Anagarika Govinda: Grundlagen tibetischer Mystik.
  - Philip Kapleau: Die drei Pfeiler des Zen. Dieses Buch enthält u.a. kurze Berichte der Selbst-Wesensschau von zehn Menschen aus Japan und Amerika.
- Hinduismus, Yoga:
  - Swami Vivekananda
  - Bhagavan Sri Ramana Maharshi
  - Richard Alpert (Baba Ram Dass): Be Now Here, Be Here Now. Dr. Richard Alpert schildert in diesem Buch seinen Weg vom Harvard-Professor für Psychologie zur Selbst-Wesensschau.
- Daoismus: Kreisen des Lichtes – Die Erfahrung der goldenen Blüte
- Spirituelle Lehrer der Gegenwart:
  - Willigis Jäger
  - Chuck Spezzano
  - Eckart Tolle
  - Wolfgang Walter

Ist das Original in einer Fremdsprache geschrieben worden, sollte – wenn möglich – die Übersetzung einer Person gewählt werden, die selbst eine spirituelle Erfahrung gemacht hat.

---

[363] Neues Testament, Das Evangelium nach Matthäus, Kapitel 5 bis einschließlich Kapitel 7

Literatur- und Quellenverzeichnis

Anthropologie, Ethnologie, Mythologie
- Joseph Campbell, Bill Moyers: Die Macht der Mythen, sechs Fernsehsendungen auf DVD, Auditorium-Netzwerk, 1988
- Robin Dunbar: The Social Brain Hypothesis; External Link zum Download einer pdf-Datei von der Internet-Seite http://en.wikipedia.org/wiki/Robin_Dunbar
- Daniel L. Everett: Das glücklichste Volk – Sieben Jahre bei den Piraha-Indianern am Amazonas, DVA, 2010
- Carel van Schaik, Kai Michel: Das Tagebuch der Menschheit – Was die Bibel über unsere Evolution verrät, Rowohlt, 2016

Evolutionstheorie, Verhaltensbiologie, Genetik
- Joachim Bauer: Das kooperative Gen – Abschied vom Darwinismus, Hoffmann und Campe, 1.Auflage 2008
- Sean B. Carroll: Die Darwin-DNA – Wie die neueste Forschung die Evolutionstheorie bestätigt, S. Fischer, 2008
- David S. Goodsell: Wie Zellen funktionieren – Wirtschaft und Produktion in der molekularen Welt, Spektrum, 2.Auflage 2010
- Konrad Lorenz: Die Rückseite des Spiegels, dtv Taschenbuch Nr. 1249, März 1977
- Rupert Riedl: Die Strategie der Genesis, Serie Piper Nr. 290, 6.Auflage Oktober 1986
- Rupert Riedl: Biologie der Erkenntnis –Die stammesgeschichtlichen Grundlagen der Vernunft, Paul Parey, 3.Auflage 1981

Gehirnforschung, Neurobiologie, Neurophysiologie
- Antonio R. Damasio: Descartes' Irrtum – Fühlen, Denken und das menschliche Gehirn, List TB Nr. 60443, 6.Auflage 2010
- Antonio R. Damasio: Ich fühle, also bin ich – Die Entschlüsselung des Bewusstseins, List TB Nr. 60164, 8.Auflage 2009
- Antonio R. Damasio: Selbst ist der Mensch – Körper, Geist und die Entstehung des menschlichen Bewusstseins, Pantheon, 1.Auflage Januar 2013
- John C. Eccles: Gehirn und Seele, Serie Piper Nr. 628, Juli 1987

- John C. Eccles: Die Evolution des Gehirns – die Erschaffung des Selbst, Piper, 1.Auflage 1989
- Gerald M.Edelman, Giulio Tononi: Gehirn und Geist – Wie aus Materie Bewusstsein entsteht, C.H. Beck, 2002
- Gerald M.Edelman: Das Licht des Geistes – Wie Bewusstsein entsteht, rororo science Nr. 62113, Februar 2007
- Jeff Hawkins: Die Zukunft der Intelligenz – Wie das Gehirn funktioniert und was Computer davon lernen können, rororo science Nr. 62167, Dezember 2006
- Christof Koch: Bewusstsein – ein neurobiologisches Rätsel, Spektrum Akademischer Verlag, 1.Auflage 2005
- Benjamin Libet: Mind Time – Wie das Gehirn Bewusstsein produziert, suhrkamp taschenbuch wissenschaft Nr. 1834, 1.Auflage 2007
- David J. Linden: Das Gehirn – Ein Unfall der Natur und warum es dennoch funktioniert, Rowohlt, 2.Auflage 2010
- Heiko Luhmann: Alles Einbildung! Was unser Gehirn tatsächlich wahrnimmt, Wissensch. Buchgesellschaft, 1.Auflage 2013
- Achim Peters: Das *ego*istische Gehirn – Warum unser Kopf Diäten sabotiert und gegen den eigenen Körper kämpft, Ullstein Taschenbuch Nr. 37441, 3.Auflage 2013
- Ernst Pöppel: Grenzen des Bewusstseins, Deutsche Verlags-Anstalt, 1.Auflage 1985
- Karl R. Popper, John C. Eccles: Das Ich und sein Gehirn, Piper, 5.Auflage 1985
- Stephen Porges: Neurophysiologie der Selbstregulation – Die Polyvagal-Theorie. Emotionen, Bindung, Kommunikation und ihre Entstehung, Seminar Zürich 2011, Auditorium-Netzwerk
- Stephen Porges: Sicherheit und Verbundenheit – Wirkweisen der Polyvagal-Theorie, Vortrag und Workshop in Heidelberg 2016, DVD, Auditorium-Netzwerk
- Frank Rösler: Psychophysiologie der Kognition – Eine Einführung in die kognitive Neurowissenschaft, Spektrum, 2011
- Gerhard Roth: Aus Sicht des Gehirns, suhrkamp taschenbuch wissenschaft Nr. 1915, überarbeitete Auflage 2009
- Gerhard Roth: Wie einzigartig ist der Mensch? – Die lange Evolution der Gehirne und des Geistes, Spektrum, 2011
- Gerhard Roth: Entscheidungsfindung, Vortragsreihe bei den Lindauer Psychotherapiewochen 2012, Auditorium-Netzwerk

- Gerhard Roth, Nicole Strüber: Wie das Gehirn die Seele macht, Klett-Cotta, 2014
- Wolf Singer: Bindungsprobleme – Neurobiologische Überlegungen, Hörbuch auf CD, supposé, 2003
- Wolf Singer: Vom Gehirn zum Bewusstsein, Suhrkamp, 2006
- Wolf Singer: Auf der Suche nach den neuronalen Grundlagen des Bewusstseins, 2 Vorträge 2013, Auditorium-Netzwerk
- Wolf Singer, Matthieu Ricard: Hirnforschung und Meditation – Ein Dialog, edition unseld Nr. 4, 1.Auflage 2008
- Erwin-Josef Speckmann, Jürgen Hescheler, Rüdiger Köhling: Physiologie, 5.Auflage 2008, ELSEVIER Urban & Fischer
- Manfred Spitzer: Geist & Gehirn 1-6, Fernsehsendungen auf DVD, BR-alpha, Auditorium-Netzwerk und Jokers hörsaal

Kognitionswissenschaften, Kognitive Psychologie

- Merlin Donald: Triumph des Bewusstseins – Die Evolution des menschlichen Geistes, Klett-Cotta, 2008
- Daniel Gilbert: Ins Glück *stolpern*, Riemann, 1.Auflage 2006
- Daniel Kahneman: Schnelles Denken, langsames Denken, Pantheon, 2.Auflage Februar 2014
- Thomas Kesselring: Jean Piaget, C.H. Beck, 2.Auflage 1999
- Julius Kuhl: PSI-Theorie-light, pdf-Datei zum Download von der Internetseite www.psi-theorie.com
- Jean Piaget: Einführung in die genetische Erkenntnistheorie, edition suhrkamp Nr. 12, 1.Auflage 1973
- Robert L. Solso: Kognitive Psychologie, Springer, 2005

Logik

- Hans Hermes: Einführung in die mathematische Logik, B.G. Teubner, 2.Auflage 1969
- Ludwig Wittgenstein: Tractatus logico-philosophicus, suhrkamp taschenbuch Nr. 12, 8.Auflage 1971

Nahtod-Erfahrung, Sterbebegleitung

- Dr. med. Eben Alexander: Blick in die Ewigkeit – Die faszinierende Nahtoderfahrung eines Neurochirurgen, Ansata, 2013
- Dr. Jeffrey Long, Paul Perry: Beweise für ein Leben nach dem Tod, Goldmann Arkana Nr. 21915, 1.Auflage 2010
- Raymond Avery Moody: Leben nach dem Tod – Die Erforschung einer unerklärlichen Erfahrung, rororo Taschenbuch Nr. 62751, Sonderausgabe Mai 2011

- Monika Renz: Zeugnisse Sterbender – Todesnähe als Wandlung und letzte Reifung, Junfermann, 4.Auflage 2008

Philosophie
- Jürgen Habermas: Erkenntnis und Interesse, suhrkamp taschenbuch wissenschaft Nr. 1, 1.Auflage 1973
- Immanuel Kant: Kritik der reinen Vernunft, Kritik der praktischen Vernunft, Kritik der Urteilskraft, Wissenschaftliche Buchgesellschaft, Werke in 10 Bänden, 3.Nachdruck 1968
- Thomas Metzinger: Philosophie des Bewusstseins, 15 Vorlesungen vom WS 2007/2008 auf DVD, Auditorium-Netzwerk
- Thomas Metzinger: Der EGO Tunnel – Eine neue Philosophie des Selbst: Von der Hirnforschung zur Bewusstseinsethik, Berliner Taschenbuch Verlag Nr. 0719, 3.Auflage 2011
- Karl R. Popper: Objektive Erkenntnis, Hoffmann und Campe, 1.Auflage 1973
- Karl R. Popper, John C. Eccles: Das Ich und sein Gehirn, Piper, 5.Auflage 1985
- Hans Joachim Störig: Kleine Weltgeschichte der Philosophie, Band 2, Fischer Taschenbuch Nr. 6136, 51.-58. Tausend 1973

Physik
- Albert Einstein: Mein Weltbild, Ullstein Buch Nr. 65, 1974
- Stephen Hawking, Leonard Mlodinow: Der große Entwurf – Eine neue Erklärung des Universums, Rowohlt, 2010
- Werner Heisenberg: Das Naturbild der heutigen Physik, rowohlts deutsche enzyklopädie Nr. 8, Januar 1972
- Carl Friedrich von Weizsäcker: Die Einheit der Natur, dtv Taschenbuch Nr. 4155, November 1974

Psychologie, Therapie
- Erich Fromm, Daisetz Teitaro Suzuki, Richard de Martino: Zen-Buddhismus und Psychoanalyse, suhrkamp taschenbuch Nr. 37, 1.Auflage 1972
- Stephen Gilligan, Gunther Schmidt: Wege zu einem kraftvollen schöpferischen Selbst – Hypno-systemische Potentialentfaltung, Seminar 2010 auf DVD, Auditorium-Netzwerk
- Gerald Hüther, Marianne Bentzen, Peter Levine: Die Gehirnforschung und ihre Bedeutung für Pädagogik, Psychotherapie und Trauma-Arbeit, drei Vorträge von der NEURO 2008 auf DVD, Auditorium-Netzwerk und Jokers hörsaal

- Carl Gustav Jung: Die Beziehungen zwischen dem Ich und dem Unbewussten, Studienausgabe bei Walter, 1.Auflage 1971
- Carl Gustav Jung: Über psychische Energetik und das Wesen der Träume, Studienausgabe bei Walter, 2.Auflage 1971
- Carl Gustav Jung: Bewusstes und Unbewusstes, Fischer Taschenbuch Nr. 6058, Januar 1972
- Carl Gustav Jung: Über die Psychologie des Unbewussten, Fischer Taschenbuch Nr. 6299, April 1983
- Carl Gustav Jung: Seelenprobleme der Gegenwart, Studienausgabe bei Walter, 2.Auflage 1973
- Carl Gustav Jung: Psychologischer Kommentar in W.Y. Evans-Wentz: Der geheime Pfad der großen Befreiung, Otto Wilhelm Barth, 3.Auflage 1972
- Otto F. Kernberg: Die narzisstische Persönlichkeit - Narzisstische Grandiosität und Wut, u.a. Workshop bei den Lindauer Psychotherapiewochen 2002, Auditorium-Netzwerk
- Peter Levine, Stephen Porges, Marianne Bentzen: Unser Stress mit dem Stress, Drei Tagesseminare beim 6. Schweizer Bildungsfestival 2012 auf DVD, Auditorium-Netzwerk
- Hans Markowitsch, Franz Resch, Gerd Rudolf u.a.: Wir denken weniger als wir denken – Wechselwirkungen zwischen Fühlen und Denken; zehn Vorträge von der Langeooger Therapiewoche 2009 auf DVD, Auditorium-Netzwerk
- Marshall B. Rosenberg: Einführung in die Gewaltfreie Kommunikation, Veranstaltung vom Mai 2006 auf DVD, Auditorium-Netzwerk und Jokers edition
- Marshall B. Rosenberg: Was deine Wut dir sagen will, 2 CD, steinbach sprechende bücher
- Gunther Schmidt: Von erdrückenden zu sich entfaltenden Welten – Hypnotherapeutisch-systemische Therapie, Workshop aus dem Jahr 2003 auf 2 CD (MP3-Format), Auditorium-Netzwerk und Jokers hörsaal
- Daniel Stern, Thomas Harms, Peter Levine: Frühe Prägungen, Drei Vorträge von den Züricher Traumatagen 2012, Auditorium-Netzwerk und Jokers hörsaal
- Maja Storch, Benita Cantieni, Gerald Hüther, Wolfgang Tschacher: Embodiment – Die Wechselwirkung von Körper und Psyche verstehen und nutzen, Hans Huber, 2.Auflage 2010
- Bessel van der Kolk: Trauma und Gehirn – Neurowissen-

schaften und Traumatherapie, Tagesseminar beim 5. Schweizer Bildungsfestival 2011 auf DVD, Auditorium-Netzwerk

Religionswissenschaft, Religionsphilosophie
- Oliver Bottini: Das große O.W. Barth-Buch der Meditation, O.W. Barth, 2006
- Michael von Brück: Ewiges Leben oder Wiedergeburt? – Sterben, Tod und Jenseitshoffnung in europäischen und asiatischen Kulturen, Herder, Originalausgabe 2007
- Ulrich Eibach: Gott *im* Gehirn? Ich – *eine* Illusion? Neurobiologie, religiöses Erleben und Menschenbild aus christlicher Sicht, SCM R. Brockhaus, 2.Auflage 2008
- Israel Finkelstein, Neil Asher Silberman: Keine Posaunen vor Jericho – Die archäologische Wahrheit über die Bibel, dtv Taschenbuch Nr. 34151, 6.Auflage 2011
- Richard Elliot Friedman: Wer schrieb die Bibel? So entstand das Alte Testament, Anaconda, 2007
- Hoseki Shinichi Hisamatsu: Die Fülle des Nichts – Vom Wesen des Zen, Günther Neske, 6.Auflage 1999
- Ken Wilber: Naturwissenschaft und Religion, Fischer Taschenbuch Nr. 18659, 2.Auflage 2013

Spirituelle Quellen
Alchemie
- Interpretation einer alchemistischen Bilderserie in Carl Gustav Jung: Die Psychologie der Übertragung, Studienausgabe bei Walter, 1.Auflage 1973
Christentum, Judentum
- Die Bibel nach Martin Luther mit dem 1912 vom Deutschen Evangelischen Kirchenausschuß genehmigten Text, Württembergische Bibelanstalt Stuttgart
- Die Bibel (neue Übersetzung), Herder, 14.Auflage 1972
Christliche Mystik
- Meister Eckehart: Vom Wunder der Seele, Reclam Universal Bibliothek Nr. 7319, 1971
- Aufrichtige Erzählungen eines russischen Pilgers, Herder spektrum Nr. 4156, 5.Auflage 1997
- Alla Selawry: Das immerwährende Herzensgebet – Ein Weg geistiger Erfahrung, O.W. Barth, 1973
- Heinrich Seuse: Büchlein der Wahrheit und Büchlein der ewi-

gen Weisheit sowie Johannes Tauler: Predigten, Diederichs Taschenausgaben Nr. 36, 1.Auflage 1967
- Angelus Silesius: Der Cherubinische Wandersmann, Goldmanns Gelbe Taschenbücher Nr. 607, 1960

Daoismus
- Laotse: Tao te king, Diederichs, 48.-50. Tausend 1972
- Kreisen des Lichtes – Die Erfahrung der goldenen Blüte, Otto Wilhelm Barth, 1972

Hinduismus und Indischer Buddhismus
- The Teachings of Bhagavan Sri Ramana Maharshi in His Own Words, Sri Ramanasramam, 1971
- Teachings of Swami Vivekananda, Advaita Ashrama, 5th Edition 1971

Islam
- Al Ghasali: Das Elixier der Glückseligkeit, Diederichs Taschenausgaben Nr. 18, 1959

Spirituelle Lehrer der Gegenwart
- Willigis Jäger: Suche nach der Wahrheit – Wege-Hoffnungen-Lösungen, Via Nova, 3.Auflage 2002
- Willigis Jäger: Wiederkehr der Mystik – Das Ewige im Jetzt erfahren, Herder spektrum Nr. 5399, 2004
- Philip Kapleau: Erleuchtung nicht ausgeschlossen – Zen-Geschichten – Zen-Gespräche, Herder spektrum Nr. 5325, 2003
- Byron Katie: The Work – Vier Fragen, die Ihr Leben verändern können, Seminar vom Juni 2005 auf DVD, Auditorium-Netzwerk und Jokers hörsaal
- Chuck Spezzano: Veränderung meistern – Im Fluss des Lebens Liebe und Kreativität entfalten, Vorträge aus dem Jahr 2005 auf CD (MP3-Format), Auditorium-Netzwerk
- Ram Dass (Dr. Richard Alpert): Be Here Now, Lama Foundation, 9th Printing, February 1973
- Eckhart Tolle: Jetzt! Die Kraft der Gegenwart – Ein Leitfaden zum spirituellen Erwachen, Kamphausen, Januar 2002
- Eckhart Tolle: Touching the Eternal, India Retreat Series auf DVD, Eckart Teachings, 2002
- Eckhart Tolle: Eine neue Erde – Bewusstseinssprung anstelle Selbstzerstörung, Goldmann, 4.Auflage 2005
- Wolfgang Walter: Wer die Quelle kennt … - Texte der Mystik aus aller Welt, M. Hackethal, 1.Auflage 2008

Tibetischer Buddhismus
- Lama Anagarika Govinda: Grundlagen tibetischer Mystik, Otto Wilhelm Barth, .Auflage 3.Auflage 1972

Zen-Buddhismus
- Bi-Yan-Lu – Aufzeichnungen vor smaragdener Felswand: Übersetzung von Dietrich Roloff, Windpferd, 1.Auflage 2013
- Hekiganroku – Die Niederschrift vom blauen Fels: Teishos von Yamada Kuon Roshi, Kösel, zwei Bände 2002
- Philip Kapleau: Die drei Pfeiler des Zen, Otto Wilhelm Barth, 2.Auflage 1972
- Mumonkan – Die torlose Schranke: Teishos von Yamada Kuon Roshi, Kösel, 2004

Systemtheorie
- Martin Bökmann: Systemtheoretische Grundlagen der Psychosomatik und Psychotherapie, Carl-Auer, 1.Auflage 2008
- Jürgen Habermas, Niklas Luhmann: Theorie der Gesellschaft oder Sozialtechnologie – Was leistet die Systemforschung?, Suhrkamp, 21.-23. Tausend 1974
- Fredmund Malik: Strategie des Managements komplexer Systeme, Haupt, 2003
- Thomas Metzinger: „Eine sehr kurze deutsche Zusammenfassung der Selbstmodell-Theorie für Nicht-Philosophen" und „Eine lange deutsche Zusammenfassung von *Being No One*"; pdf-Dateien zum Download von der Internetseite www.philosophie.uni-mainz.de/metzinger/metzinger_dt.html

Willensfreiheit
- Christian Geyer (Hg.): Hirnforschung und Willensfreiheit – Zur Deutung der neuesten Experimente, edition suhrkamp Nr. 2387, 1.Auflage 2004
- Gerhard Roth, Niels Birbaumer, Ansgar Beckermann u.a.: Verantwortung als Illusion? – Moral, Schuld, Strafe und das Menschenbild der Hirnforschung, 8 Vorträge vom Symposium „turmdersinne" 2011 auf DVD, Auditorium-Netzwerk

Stichwortregister